图解算法
使用Java

清华大学出版社
北京

内 容 简 介

本书是一本综合讲述数据结构及其算法的入门书，内容浅显易懂、逻辑严谨、范例丰富、可操作性强，力求适用性兼顾教师教学和学生自学。

全书从基本的数据结构概念开始讲解，包括数组结构、队列、堆栈、树结构、排序、查找等；接着介绍常用的算法，包括分治法、递归法、贪心法、动态规划法、迭代法、枚举法、回溯法等，每个经典的算法都提供了 Java 程序设计语言编写的完整范例代码，并辅以丰富的图示解析。最后在每章末尾都安排了大量的习题，这些习题包含各类考试的例题，并在附录中提供了解答，可供读者自测学习效果。

本书针对具有一定编程能力又想提高编程"深度"的非信息专业类人员，是一本数据结构和算法普及型的教科书或自学参考书。

本书为荣钦科技股份有限公司授权出版发行的中文简体字版本。
北京市版权局著作权合同登记号　图字：01-2020-5167

本书封面贴有清华大学出版社防伪标签，无标签者不得销售。
版权所有，侵权必究。举报：010-62782989，beiqinquan@tup.tsinghua.edu.cn。

图书在版编目（CIP）数据

图解算法：使用 Java / 吴灿铭，胡昭民著.—北京：清华大学出版社，2020.11（2022.11重印）
ISBN 978-7-302-56534-5

Ⅰ．①图… Ⅱ．①吴… ②胡… Ⅲ．①计算机算法－图解②JAVA 语言－程序设计 Ⅳ．①TP301.6-64

中国版本图书馆 CIP 数据核字（2020）第 182916 号

责任编辑：	夏毓彦
封面设计：	王　翔
责任校对：	闫秀华
责任印制：	丛怀宇
出版发行：	清华大学出版社
网　　址：	http://www.tup.com.cn，http://www.wqbook.com
地　　址：	北京清华大学学研大厦A座　　邮　编：100084
社 总 机：	010-83470000　　邮　购：010-62786544
投稿与读者服务：	010-62776969，c-service@tup.tsinghua.edu.cn
质 量 反 馈：	010-62772015，zhiliang@tup.tsinghua.edu.cn
印 装 者：	三河市君旺印务有限公司
经　　销：	全国新华书店
开　　本：	190mm×260mm　　印　张：17.75　　字　数：454千字
版　　次：	2020年12月第1版　　印　次：2022年11月第2次印刷
定　　价：	69.00元

产品编号：088174-01

前　　言

　　程序设计课程的目的着重于"计算思维"（Computational Thinking，CT）的训练，也就是分析与分解问题能力的培养，同时借助程序设计语言来实现具体的算法，从而训练学生系统化的逻辑思维。

　　本书以 Java 语言来实现各种算法。对于第一次接触计算思维与算法的初学者来说，使用大量的文字来说明算法逻辑常会有挫折感。为了避免教学和阅读上的不顺畅，书中的算法不以伪代码来说明，而是采用 Java 语言来描述并实现。另外，本书以丰富的图例和简洁明了的文字来阐述各种计算思维与算法逻辑，让初学者在建立计算思维的同时掌握算法逻辑的运用。

　　本书从介绍计算思维与程序设计两者之间的关系展开，谈到如何培养计算思维的 4 个部分：分解、模式识别、模式概括与抽象、算法。接着介绍经典算法的分类：分治法、递归法、动态规划法、迭代法、枚举法、回溯法及贪心法。学习了这些基础之后，在接下来的章节中介绍排序算法、查找算法、数组与链表算法、安全性算法、堆栈与队列算法、树结构及其算法和图结构及其算法，并搭配 Java 语言实现的完整范例程序。

　　为了检验学习者的学习成果，每一章的最后都安排与本章重点内容相关的习题，让读者有更多实战演练计算思维和算法的机会。

　　Java 的开发工具分成 IDE 和 JDK（Java Development Kit）两种，本书的编译环境采用 JDK 13 的软件开发工具包，只要使用 Windows 的"记事本"程序就可以轻松编辑 Java 程序。

　　一本好的运算思维与算法逻辑训练方面的书，除了内容的专业性与难易适中外，更需要有清晰易懂的结构。希望所有的学习者通过本书的学习，能够结合 Java 语言实现算法的过程来建立起计算思维的能力，养成逻辑思维的习惯，并将这种能力和习惯用到自己工作和生活的方方面面。

作者敬笔

改编说明

算法一直是计算机科学领域非常重要的基础课程，从程序设计语言实践的角度来看，算法是有志于从事信息技术方面工作的专业人员必须重视的一门基础理论课程。无论我们采用哪种程序设计语言来编写程序，所设计的程序能否快速而高效地完成预定的任务，其中的关键因素都是算法。对于将来不从事信息技术方面工作的人而言，学习算法同样可以培养自己系统化逻辑思维的习惯，这种思维习惯可以运用在各行各业中，让学习者终身受益。

不管是从事计算机软件还是硬件的开发工作，如果没有系统地学习过算法，就很容易被人打上"非专业"的标签。对于任何在信息技术行业工作的专业人员或者想进入此行业的人来说，什么时候开始学算法都不会晚，更不会过时。算法是程序的灵魂，既神秘又"好玩"，当然对初学者来说有点难，算法可以说是"聪明人在计算机上的游戏"。

本书是一本综合、全面讲述算法和对应数据结构的教科书，为了便于高校的教学、读者自学，作者在描述算法和数据结构原理时文字清晰且严谨，为每个算法及其数据结构提供了演算的详细图解。另外，为了在教学过程中让学生上机实践或者自学者上机"操练"，本书为每个经典的算法都提供了 Java 语言编写的完整范例程序实例（包含完整的源代码），每个范例程序都不需要经过修改，直接通过编译就可以运行，目的就是让本书的学习者以这些范例程序作为参照，迅速掌握算法和数据结构的要点。另外，在附录中提供了所有课后习题的参考答案。

全书的所有范例程序都可以在标准的 Java 语言编程环境中编译通过并顺利运行，在改编本书的过程中对原书的所有范例程序均进行了编译、修改、调试和测试，确保它们都可以准确无误地运行。本书范例程序的源代码可通过扫描下方二维码获取：

如果下载有问题，可通过电子邮件联系 booksaga@126.com，邮件主题为"图解算法：使用 Java 范例程序代码"。

本书所有的范例程序都是在 Java 命令行环境下执行的，读者也可以选择任何一款自己熟悉的 Java 语言的集成开发环境来测试、改写和运行本书的所有范例程序。

资深架构师　赵军

2020 年 10 月

目 录

第1章 计算思维与程序设计 ... 1
1.1 程序设计的速成攻略 ... 2
1.1.1 计算思维简介 ... 3
1.1.2 分解 ... 4
1.1.3 模式识别 ... 4
1.1.4 模式概括与抽象 ... 5
1.1.5 算法 ... 6
1.2 生活中到处都是算法 ... 6
1.2.1 算法的条件 ... 7
1.2.2 时间复杂度 $O(f(n))$ ... 9
1.3 程序设计逻辑简介 ... 11
1.3.1 结构化程序设计 ... 11
1.3.2 面向对象程序设计 ... 12
1.3.3 面向对象程序设计的其他概念 ... 15
课后习题 ... 15

第2章 经典算法介绍 ... 17
2.1 分治法 ... 17
2.2 递归法 ... 18
2.3 动态规划法 ... 21
2.4 迭代法 ... 22
2.5 枚举法 ... 25
2.6 回溯法 ... 29
2.7 贪心法 ... 35
课后习题 ... 37

第3章 走入数据结构的奇妙世界 ... 38
3.1 认识数据结构 ... 39
3.2 常见的数据结构 ... 41
3.2.1 数组 ... 41
3.2.2 链表 ... 45
3.2.3 堆栈 ... 46

    3.2.4 队列 47
  3.3 树结构简介 49
    3.3.1 树的基本概念 49
    3.3.2 二叉树 51
  3.4 图论简介 52
  3.5 哈希表 54
  课后习题 56

第 4 章 排序算法 57
  4.1 认识排序 58
  4.2 冒泡排序法 60
  4.3 选择排序法 64
  4.4 插入排序法 67
  4.5 希尔排序法 69
  4.6 快速排序法 73
  4.7 合并排序法 76
  4.8 基数排序法 77
  4.9 堆积树排序法 80
  课后习题 87

第 5 章 查找算法 88
  5.1 常见的查找算法 88
  5.2 顺序查找法 89
  5.3 二分查找法 91
  5.4 插值查找法 94
  5.5 斐波那契查找法 96
  课后习题 99

第 6 章 数组与链表算法 100
  6.1 矩阵算法与深度学习 100
    6.1.1 矩阵相加 103
    6.1.2 矩阵相乘 105
    6.1.3 转置矩阵 107
    6.1.4 稀疏矩阵 109
  6.2 数组与多项式 112
  6.3 单向链表算法 113
    6.3.1 单向链表插入节点的算法 119
    6.3.2 单向链表删除节点的算法 123
    6.3.3 对单向链表进行反转的算法 127

6.3.4　单向链表串接的算法 130
　6.4　链表与多项式 131
　课后习题 136

第 7 章　安全性算法 137

　7.1　数据加密 138
　　　7.1.1　对称密钥加密系统 139
　　　7.1.2　非对称密钥加密系统与 RSA 算法 139
　　　7.1.3　认证 140
　　　7.1.4　数字签名 141
　7.2　哈希算法 142
　　　7.2.1　除留余数法 142
　　　7.2.2　平方取中法 143
　　　7.2.3　折叠法 144
　　　7.2.4　数字分析法 145
　7.3　碰撞与溢出处理 145
　　　7.3.1　线性探测法 145
　　　7.3.2　平方探测法 148
　　　7.3.3　再哈希法 148
　　　7.3.4　链表 150
　课后习题 154

第 8 章　堆栈与队列算法 156

　8.1　以数组来实现堆栈 156
　8.2　以链表来实现堆栈 161
　8.3　汉诺塔问题的求解算法 165
　8.4　八皇后问题的求解算法 171
　8.5　用数组来实现队列 174
　8.6　用链表来实现队列 177
　8.7　双向队列 179
　8.8　优先队列 182
　课后习题 183

第 9 章　树结构及其算法 184

　9.1　用数组来实现二叉树 185
　9.2　用链表来实现二叉树 188
　9.3　二叉树遍历 190
　9.4　二叉查找树 196
　9.5　二叉树节点的插入与删除 199

- 9.6 二叉运算树 ... 201
- 9.7 二叉排序树 ... 205
- 9.8 线索二叉树 ... 208
- 9.9 扩充二叉树 ... 213
- 9.10 哈夫曼树 ... 215
- 9.11 平衡树 ... 216
- 9.12 机器学习与博弈树 ... 218
  - 9.12.1 机器学习 ... 218
  - 9.12.2 博弈树算法 ... 219
- 课后习题 ... 220

第 10 章 图结构及其算法 ... 222

- 10.1 图的数据表示法 ... 222
  - 10.1.1 邻接矩阵法 ... 223
  - 10.1.2 邻接链表法 ... 225
  - 10.1.3 邻接复合链表法 ... 228
  - 10.1.4 索引表格法 ... 230
- 10.2 图的遍历 ... 230
  - 10.2.1 深度优先遍历法 ... 230
  - 10.2.2 广度优先遍历法 ... 233
- 10.3 生成树 ... 236
  - 10.3.1 DFS 生成树和 BFS 生成树 ... 237
  - 10.3.2 最小成本生成树 ... 238
  - 10.3.3 Prim 算法 ... 238
  - 10.3.4 Kruskal 算法 ... 241
- 10.4 图的最短路径法 ... 246
  - 10.4.1 Dijkstra 算法与 A*算法 ... 247
  - 10.4.2 Floyd 算法 ... 252
- 课后习题 ... 256

附录 课后习题与解答 ... 259

第 1 章

计算思维与程序设计

计算机（Computer）是一种具备了数据计算与信息处理功能的电子设备。对于有志于从事信息技术专业领域的人员来说，程序设计是一门与计算机硬件和软件息息相关的学科，称得上是从计算机问世以来经久不衰的热门学科。

随着信息与网络科技的高速发展，在目前这个物联网（Internet of Things，IOT）与云计算（Cloud Computing）的时代，程序设计能力已经被看成是国力的象征，有条件的中小学校都将程序设计（或称为"编程"）列入学生信息课的学习内容，在大专院校里，程序设计已不再只是信息技术相关科系的"专利"了。程序设计已经是接受全民义务制教育的学生们应该具备的基本能力，只有将"创意"通过"设计过程"与计算机相结合，才能让新一代人才轻松应对这个快速变迁的云计算时代（见图1-1）。

图 1-1

> **提 示**
>
> "云"泛指"网络"，这个名字的源头是工程师通常把网络架构图中不同的网络用"云朵"的形状来表示。云计算就是将网络连接的各种计算设备的运算能力提供出来作为一种服务，只要用户可以通过网络登录远程服务器进行操作，就可以使用这种计算资源。
>
> "物联网"是近年来信息产业界的一个非常热门的议题，可以将各种具有传感器或感测设备的物品（例如RFID、环境传感器、全球定位系统（GPS）等）与因特网结合起来，并通过网络技术让各种实体对象自动彼此沟通和交换信息，也就是通过巨大的网络把所有东西都连接在一起。

1.1 程序设计的速成攻略

对于一个有志于投身信息技术领域的人员来说,程序设计是一门和计算机硬件与软件相关的学科,也是从 20 世纪 50 年代之后逐渐兴起的学科。从发展的眼光来看,一个国家综合的程序设计能力已经被看成是国力的象征,将来人才的程序设计能力已经与人才应该具有的语文、数学、英语、艺术能力一样,是人才必备的基础能力,它主要用于培养人才解决问题、分析、归纳、创新、勇于尝试错误等方面的能力,并为胜任未来数字时代的工作做好准备,让程序设计不再是信息相关科系的专业,而是全民的基本能力(见图 1-2)。

图 1-2

程序设计的本质是数学,而且是一门应用数学,理由是过去对于程序设计的目标基本上就是为了数学的"计算"能力。随着信息与网络科技的高速发展,纯计算能力的重要性已慢慢降低,程序设计课程的目的更加着重于"计算思维"(Computational Thinking,CT)的训练。计算思维与当代计算机强大的执行效率相结合,让我们人类在不断提升解决问题的能力与不断扩大解决问题的范围,因此在程序设计课程中引导学生建立计算思维(也就是分析与分解问题的能力)是为人工智能(AI)时代培养人才的必然。

> **提示**
>
> 人工智能的概念最早是由美国科学家 John McCarthy 于 1955 年提出的,目标是使计算机具有类似人类学习解决复杂问题与进行思考的能力。凡是模拟人类的听、说、读、写、看、动作等的计算机技术,都被归类为人工智能技术。简单地说,人工智能就是由计算机所仿真或执行的具有类似人类智慧或思考的行为,如推理、规划、解决问题及学习等能力。

计算思维是一种使用计算机的逻辑来解决问题的思维,前提是掌握程序设计的基本方法和了解它的基本概念,是一种能够将计算"抽象化"再"具体化"的能力,也是新一代人才都应该具备的素养。计算思维与计算机的应用和发展息息相关，程序设计相关知识和技能的学习与训练过程其实就是一种培养计算思维的过程。当前许多国家和地区从幼儿园开始就培养孩子的计算思维，让孩子从小就养成计算思维的习惯。培养计算思维的习惯可以从日常生活开始，并不限定于任何场所或工具，日常生活中任何牵涉到"解决问题"的议题，都可以应用计算思维来解决，通过边学边体会来逐渐建立起计算思维的逻辑能力。

假如你今天和朋友约在一个没有去过的知名旅游景点碰面，在出门前你会先上网规划路线，看看哪些路线适合你的行程，以及选乘哪一种交通工具，接下来就可以按照计划出发。简单来说，这种计划与考虑过程就是计算思维，按照计划逐步执行就是一种算法（Algorithm），就如同我们把一件看似复杂的事情用容易理解的方式来解决，这样就具备了将问题程序化的能力。

我们可以这样来说："学习程序设计不等于学习计算思维，但要学好计算思维，通过程序设计来学绝对是最快的途径。"程序设计语言本来就只是工具，从来都不是重点，没有最好的程序设计语言，只有是否适合的程序设计语言，学习程序设计的目标不是把每个学习者都培养成专业的程序设计人员，而是帮助每一个人建立起系统化的逻辑思维模式和习惯。

1.1.1 计算思维简介

2006 年，美国卡内基·梅隆大学 Jeannette M. Wing 教授首次提出了"计算思维"的概念，她提出计算思维是现代人的一种基本技能，所有人都应该积极学习。随后谷歌公司为教育者开发了一套计算思维课程（Computational Thinking for Educators），这套课程提到培养计算思维的 4 部分，分别是分解（Decomposition）、模式识别（Pattern Recognition）、模式概括与抽象（Pattern Generalization and Abstraction）以及算法（Algorithm）。虽然这并不是建立计算思维唯一的方法，不过通过这 4 部分我们可以更有效地进行思维能力的训练，不断使用计算方法与工具解决问题，进而逐渐养成我们的计算思维习惯。

在训练计算思维的过程中，其实就培养了学习者从不同角度以及现有资源解决问题的能力，正确地运用培养计算思维的这 4 部分，同时运用现有的知识或工具找出解决困难问题的方法。学习程序设计就是对这 4 部分进行系统的学习与组合，并使用计算机来协助解决问题，如图 1-3 所示。

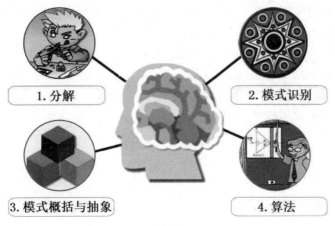

图 1-3

1.1.2 分解

许多人在编写程序或解决问题时，对于问题的分解不知道从何处着手，将问题想得太庞大，如果一个问题不进行有效分解，就会很难处理。将一个复杂的问题分割成许多小问题，把这些小问题各个击破，小问题全部解决之后，原本的大问题也就迎刃而解了。

假如我们的一台计算机出现部件故障了，将整台计算机逐步分解成较小的部分，对每个部分内的各个硬件部件进行检查，就容易找出有问题的部件。再假如一位警察在思考如何破案时，也需要将复杂的问题细分成许多小问题（见图1-4）。经常编写程序的人在遇到问题时，通常会开始考虑所有的可能性，分步骤解决问题，久而久之，这样考虑问题的习惯就演变成他的思维模式了。

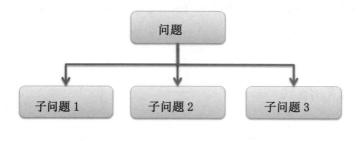

图 1-4

1.1.3 模式识别

在将一个复杂的问题分解之后，我们常常可以发现小问题中有共同的属性以及相似之处，在计算思维中，这些属性被称为"模式"（Pattern）。模式识别是指在一组数据中找出特征（Feature）或规则（Rule），用于对数据进行识别与分类，以作为决策判断的依据。在解决问题的过程中，找到模式是非常重要的，模式可以让问题的解决更简化。当问题具有相同的特征时，它们能够被更简单地解决，因为存在共同模式时，我们可以用相同的方法解决此类问题。

例如，当前常见的生物识别技术就是利用人体的形态、构造等生理特征（Physiological Characteristics）以及行为特征（Behavior Characteristics）作为依据，通过光学、声学、生物传感等高科技设备的密切结合对个人进行身份识别（Identification 或 Recognition）与身份验证（Verification）的技术。又例如，指纹识别（Fingerprint Recognition）系统以机器读取指纹样本，将样本存入数据库中，然后用提取的指纹特征与数据库中的指纹样本进行对比与验证（见图1-5）；脸部识别技术则是通过摄像头提取人脸部的特征（包括五官特征），再经过算法确认，从复杂背景中判断出特定人物的脸孔特征。

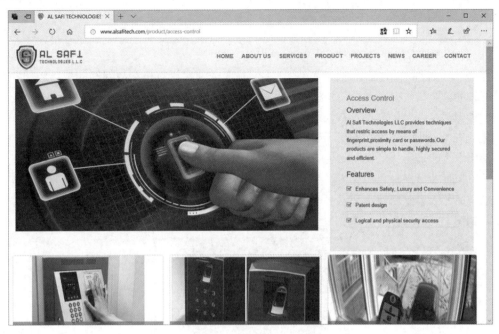

图 1-5

1.1.4 模式概括与抽象

　　模式概括与抽象在于过滤以及忽略掉不必要的特征，让我们可以集中在重要的特征上，这样有助于将问题抽象化。通常这个过程开始会收集许多数据和资料，通过模式概括与抽象把无助于解决问题的特性和模式去掉，留下相关的以及重要的属性，直到我们确定一个通用的问题以及建立解决这个问题的规则。

　　"抽象"没有固定的模式，它会随着需要或实际情况而有所不同。例如，把一辆汽车抽象化，每个人都有各自的分解方式，比如车行的业务员与修车技师对汽车抽象化的结果可能就会有差异（见图 1-6）。

- 车行业务员：轮子、引擎、方向盘、刹车、底盘。
- 修车技师：引擎系统、底盘系统、传动系统、刹车系统、悬吊系统。

图 1-6

1.1.5 算法

算法是计算思维 4 个基石的最后一个，不但是人类使用计算机解决问题的技巧之一，也是程序设计的精髓。算法常出现在规划和程序设计的第一步，因为算法本身就是一种计划，每一条指令与每一个步骤都是经过规划的，在这个规划中包含解决问题的每一个步骤和每一条指令。

特别是在算法与大数据的结合下，这门学科演化出"千奇百怪"的应用，例如当我们拨打某个银行信用卡客户服务中心的电话时，很可能会先经过后台算法的过滤，帮我们找出一名最"合我们胃口"的客服人员来与我们交谈。在因特网时代，通过大数据分析，网店可以进一步了解产品购买和需求产品的人群是哪类人，甚至一些知名 IT 企业在面试过程中也会测验候选者对于算法的了解程度，如图 1-7 所示。

图 1-7

> **提　示**
>
> 大数据（Big Data，又称为海量数据）由 IBM 公司于 2010 年提出，是指在一定时效（Velocity）内进行大量（Volume）、多样性（Variety）、低价值密度（Value）、真实性（Veracity）数据的获得、分析、处理、保存等操作。大数据是指无法使用普通的常用软件在可容忍时间内进行提取、管理及处理的大量数据，可以这么简单理解：大数据其实是巨大的数据库加上处理方法的一个总称，是一套有助于企业组织大量搜集、分析各种数据的解决方案。另外，数据的来源有非常多的途径，格式也越来越复杂，大数据解决了商业智能无法处理的非结构化与半结构化数据。

1.2　生活中到处都是算法

在日常生活中有许多工作可以使用算法来描述，例如员工的工作报告、宠物的饲养过程、厨师准备美食的食谱、学生的课程表等。如今我们几乎每天都要使用的各种搜索引擎都必须借助不断更新的算法来运行。例如，要搜索"逻辑思维培训与训练"类的编程书，在搜索引擎输入关键词，结果如图 1-8 所示。

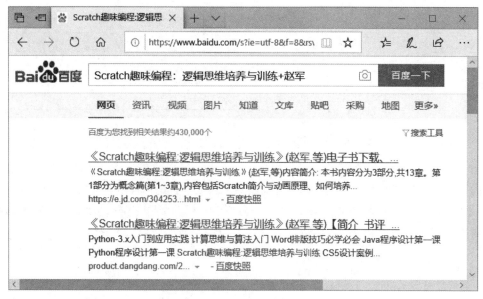

图 1-8

在韦氏辞典中,算法定义为:"在有限步骤内解决数学问题的程序。"如果运用在计算机领域中,我们也可以把算法定义成:"为了解决某项工作或某个问题,所需要的有限数量的机械性或重复性指令与计算步骤。"

1.2.1 算法的条件

在计算机中,算法更是不可或缺的一环。在认识了算法的定义之后,我们再来看看算法所必须符合的 5 个条件(可参考图 1-9 和表 1-1)。

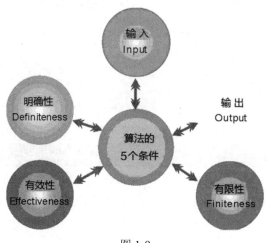

图 1-9

表 1-1　算法必须符合的 5 个条件

算法的特性	内容与说明
输入（Input）	0 个或多个输入数据，这些输入必须有清楚的描述或定义
输出（Output）	至少会有一个输出结果，不能没有输出结果
明确性（Definiteness）	每一条指令或每一个步骤必须是简洁明确的
有限性（Finiteness）	在有限步骤后一定会结束，不会产生无限循环
有效性（Effectiveness）	步骤清楚且可行，只要时间允许，用户就可以用纸笔计算而求出答案

了解了算法的定义与条件后，接着要思考一下用什么方法来表达算法比较合适。其实算法的主要目的在于让人们了解所执行工作的流程与步骤，只要清楚地体现出算法的 5 个条件即可。

常用的算法一般可以用中文、英文、数字等文字方式来描述，也就是用自然语言来描述算法的具体步骤。例如，图 1-10 所示为小华早上去上学并买早餐的简单文字算法。

图 1-10

常用的算法也可以用可读性高的高级程序设计语言或伪语言（Pseudo-Language）来描述或者表达。

> **提　示**
>
> 伪语言是一种非常接近高级程序设计语言，但不能直接放进计算机中执行的语言。一般需要一种特定的预处理器（Preprocessor），或者用人工编写转换成真正的计算机语言，经常使用的伪语言有 SPARKS、PASCAL-LIKE 等。

流程图（Flow Diagram）是一种以图形符号来表示算法的通用方法。例如，输入一个数值，并判断是奇数还是偶数，如图 1-11 所示。

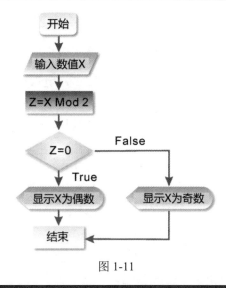

图 1-11

> **提示**
>
> 算法和过程是有区别的,过程不一定要满足算法有限性的要求,例如操作系统或计算机上运行的过程,除非宕机,否则永远在等待循环中(Waiting Loop),这就违反了算法 5 个条件中的"有限性"。

以图形方式也可以表示算法,如数组图、树形图、矩阵图等。例如,在井字游戏的某个决策区域(见图 1-12)中,下一步是 X 方下棋,很明显,X 方绝对不能选择第二层的第二种下法,因为这样下的话 X 方必败无疑。图 1-13 是用图形描述算法的另外一个例子。

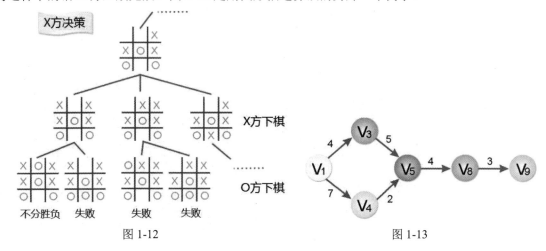

图 1-12 图 1-13

1.2.2 时间复杂度 $O(f(n))$

大家可能会想,那么应该怎么评估一个算法的好坏呢?例如,可以把某个算法执行步骤的计数来作为衡量运行时间的标准,例如:

$$a = a + 1$$

与

$$a = a + 0.3 / 0.7 * 10005$$

由于这两条程序语句涉及变量存储类型与表达式的复杂度，因此真正绝对精确的运行时间一定不相同。不过话说回来，如此大费周章地去考虑程序的运行时间往往寸步难行，而且毫无意义，此时可以利用一种"概量"的概念来衡量运行时间，我们称之为"时间复杂度"（Time Complexity）。时间复杂度的详细定义如下：

在一个完全理想状态下的计算机中，我们定义 $T(n)$ 来表示程序执行所要花费的时间，其中 n 代表数据输入量。当然程序的最坏运行时间（Worse Case Executing Time）或最大运行时间是时间复杂度的衡量标准，一般以 Big-Oh 表示。

在分析算法的时间复杂度时，往往用函数来表示它的成长率（Rate of Growth），其实时间复杂度是一种"渐近表示法"（Asymptotic Notation）。

$O(f(n))$ 可视为某算法在计算机中所需运行时间不会超过某一常数倍的 $f(n)$。也就是说，当某算法的运行时间 $T(n)$ 的时间复杂度为 $O(f(n))$（读成 big-oh of $f(n)$ 或 order is $f(n)$）时，意思是存在两个常数 c 与 n_0，若 $n \geq n_0$，则 $T(n) \leq cf(n)$。$f(n)$ 又称为运行时间的成长率。由于在估算算法复杂度时采取"宁可高估不要低估"的原则，因此估计出来的复杂度是算法真正所需运行时间的上限。请大家看以下范例，以了解时间复杂度的意义。

范例 假如运行时间 $T(n)=3n^3 + 2n^2 + 5n$，求时间复杂度。

解答 首先找出常数 c 与 n_0。当 $n_0=0$、$c=10$ 时，若 $n \geq n_0$，则 $3n^3+2n^2+5n \leq 10n^3$，因此得知时间复杂度为 $O(n^3)$。

事实上，时间复杂度只是执行次数的一个概略的量度，并非真实的执行次数。Big-Oh 则是一种用来表示最坏运行时间的表现方式，也是最常用于在描述时间复杂度的渐近式表示法。常见的 Big-Oh 可参考表 1-2 和图 1-14。

表 1-2 常见的 Big-Oh

Big-Oh	特色与说明
$O(1)$	称为常数时间（Constant Time），表示算法的运行时间是一个常数倍
$O(n)$	称为线性时间（Linear Time），表示执行的时间会随着数据集合的大小而线性增长
$O(\log_2 n)$	称为次线性时间（Sub-Linear Time），成长速度比线性时间慢，而比常数时间快
$O(n^2)$	称为平方时间（Quadratic Time），算法的运行时间会成二次方的增长
$O(n^3)$	称为立方时间（Cubic Time），算法的运行时间会成三次方的增长
$O(2^n)$	称为指数时间（Exponential Time），算法的运行时间会成 2 的 n 次方增长。例如，解决 Nonpolynomial Problem 问题算法的时间复杂度为 $O(2^n)$
$O(n\log_2 n)$	称为线性乘对数时间，介于线性和二次方增长的中间模式

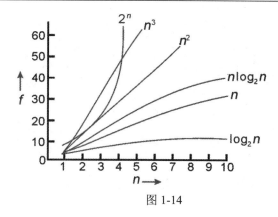

图 1-14

$n \geqslant 16$ 时,时间复杂度的优劣比较关系如下:

$$O(1) < O(\log_2 n) < O(n) < O(n\log_2 n) < O(n^2) < O(n^3) < O(2^n)$$

1.3 程序设计逻辑简介

每位程序设计人员就像一位艺术设计师,都会有不同的设计风格。不过,计算机是很严谨的科技工具,不能像人脑一样的天马行空。对于一个好的程序设计人员而言,还是必须遵循一些规范,才能让程序代码具备可读性,便于日后的维护。不管是早期的结构化程序设计风格,还是如今的面向对象程序设计风格,其实都是在协助程序设计人员找到编写程序时要遵循的大方向。以下重点说明一下。

1.3.1 结构化程序设计

在传统程序设计的方法中,主要以"由下而上"与"由上而下"方法为主。"由下而上"是指程序员先编写整个程序需求中最容易的部分,再逐步扩大来完成整个程序。"由上而下"是指将整个程序需求从上而下、由大到小逐步分解成较小的单元,或称为"模块"(Module),这样使得程序员针对各模块分别开发,既可减轻设计者负担、可读性较高,也便于日后维护。结构化程序设计的核心精神就是"由上而下设计"与"模块化设计"。例如,在 Pascal 语言中,这些模块称为"过程"(Procedure);在 C/C++语言中,这些模块称为"函数"(Function)。

通常,"结构化程序设计"具有 3 种控制流程(参考表 1-3)。对于一个结构化程序,不管其结构如何复杂,都可利用 3 种基本控制流程来加以表达。

表 1-3 基本控制流程

流程结构名称	概念示意图
[顺序结构] 逐步编写程序语句	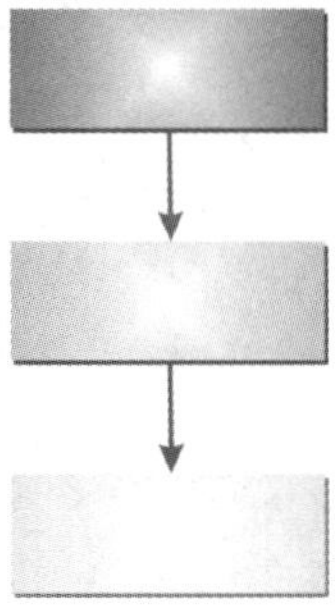
[选择结构] 根据某些条件进行逻辑判断	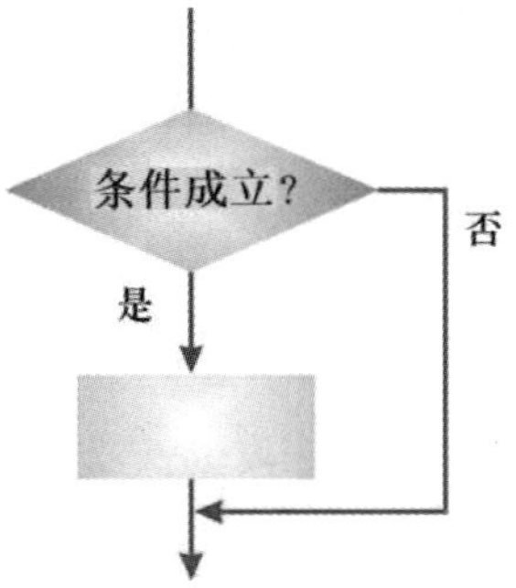
[重复结构] 根据某些条件决定是否重复执行某些程序语句	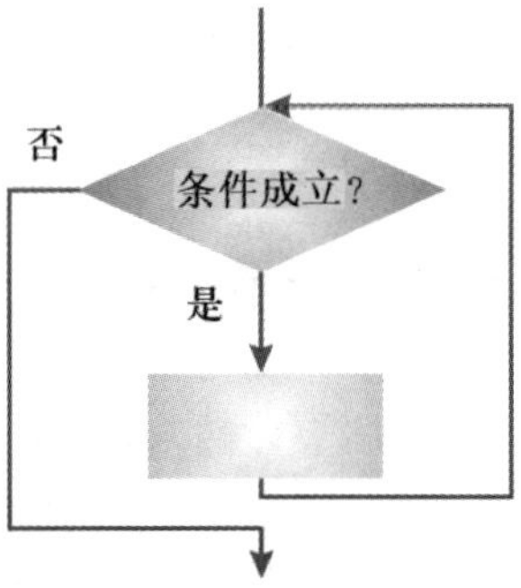

1.3.2 面向对象程序设计

"面向对象程序设计"（Object-Oriented Programming，OOP）的主要设计思想就是将存在于日常生活中随处可见的对象（Object）概念应用在软件开发模式（Software Development Model）中。面向对象程序设计让我们在程序设计时能以一种更生活化、可读性更高的设计思路来进行程序的开发和设计，并且所开发出来的程序也更容易扩充、修改及维护。

在现实生活中充满了形形色色的物体，每个物体都可视为一种对象。我们可以通过对象的外部行为（Behavior）及内部状态（State）模式来进行详细的描述。行为代表此对象对外所显示出来的运作方法，状态代表对象内部各种特征的目前状况，如图1-15所示。

图 1-15

举例来说，倘若我们今天想要自己组装一台计算机，因为配件不足，找遍了当地所有的计算机配件公司，仍找不到需要的配件，下一步则要到北京的中关村去寻找所需要的配件。也就是说，必须分别到不同的公司去寻找我们所需的配件。试想一下，这么做了以后虽然会节省不少购买配件的成本，却会为时间成本付出相当大的代价。

换一个角度来说，我们不必去理会配件货源如何获得，完全交给一家计算机公司全权负责，那么事情便会简单许多。我们只需填好一份配置的清单，该计算机公司便会收集好所有的配件，然后寄往我们提供的收货地址。至于该计算机公司如何找到的货源，便不是我们所要关心的事了。我们要强调的概念便在于此，只要确立每一家配件公司是一个独立的个体，该独立个体有其特定的功能，而各项工作的配合完成只需在各个独立的个体之间进行消息（Message）交换即可。

面向对象设计的概念就是认定每一个对象是一个独立的个体，而每个独立个体有其特定的功能，对我们而言，无须去理解这些特定功能如何实现这个目标的具体过程，只需要将需求告诉独立的个体，如果这个个体能独立完成，就直接将此任务交给它。面向对象程序设计的重点是强调程序的可读性（Readability）、重复使用性（Reusability）与扩展性（Extension），本身还具备如图 1-16 所示的 3 种特性。

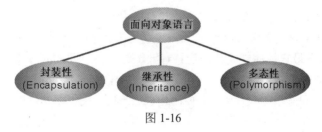

图 1-16

- 封装性

封装性就是利用"类"来实现"抽象数据类型"（ADT）。类是一种用来具体描述对象状态与行为的数据类型，也可以看成是一个模型或蓝图，按照这个模型或蓝图所产生的实例（Instance）就被称为对象。类与对象的关系如图 1-17 所示。

图 1-17

所谓"抽象",就是将代表事物特征的数据隐藏起来,并定义一些方法(Method)来作为操作这些数据的接口,让用户只能接触到这些方法,而无法直接使用数据,符合信息隐藏的意义。这种自定义的数据类型就称为"抽象数据类型"。在传统程序设计中,必须掌握所有的来龙去脉,就时效性而言,传统程序设计要大打折扣。

- 继承性

继承性是面向对象程序设计语言中最强大的功能之一,因为它允许程序代码的重复使用(Code Reusability),同时可以表达树结构中父代与子代的遗传现象。继承类似现实生活中的遗传,允许我们去定义一个新的类来继承现有的类(Class),进而使用或修改继承而来的方法(Method),并可在子类中加入新的数据成员与成员函数。在继承关系中,可以把它单纯视为一种复制(Copy)的操作。换句话说,当程序开发人员以继承机制声明新增的类时,它会先将所引用的父类中的所有成员完整地写入新增的类中。类继承关系示意图如图1-18所示。

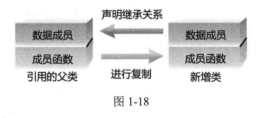

图1-18

- 多态性

多态性也是面向对象设计的重要特性,又称为"同名异式",可让软件在开发和维护时达到充分的扩展性和延伸性。多态性按照英文单词字面的解释就是一样东西同时具有多种不同的类型。在面向对象程序设计语言中,多态的定义简单来说就是利用类的继承结构先建立一个基类对象,用户可通过对象的继承声明将此对象向下继承为派生类对象,进而控制所有派生类的"同名异式"成员方法。简单地说,多态最直接的定义就是让具有继承关系的不同类的对象可以调用相同名称的成员函数,并产生不同的处理结果。例如,同样是计算长方形和圆形的面积与周长,面向对象程序设计就必须先定义长方形和圆形的类,当程序要画出长方形时,主程序便可以根据此类规格产生新的对象,如图1-19所示。

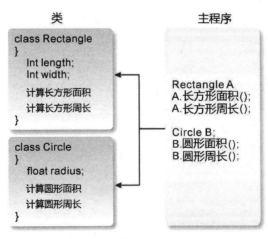

图1-19

1.3.3 面向对象程序设计的其他概念

- 对象

对象（Object）可以是抽象的概念或是一个具体的事物，包括"数据"（Data）及相应的"操作"或"运算"（Operation），或称为方法（Method）。对象具有状态（State）、行为（Behavior）与标识（Identity），并且每一个对象（Object）均有其相应的属性（Attribute）及属性值（Attribute Value）。例如，有一个对象称为学生，"开学"是一条消息，可传送给这个对象。学生有学号、姓名、出生年月日、住址、电话等属性，当前的属性值便是其状态。学生对象的操作或运算行为有注册、选修、转系、毕业等，学号是学生对象的唯一识别编号（对象标识，OID）。

- 类

类（Class）是具有相同结构及行为的对象集合，是许多对象共同特征的描述或对象的抽象。例如，"小明"与"小华"都属于"人"这个类，他们都有出生年月日、血型、身高、体重等类的属性。类中的一个对象有时就称为该类的一个实例（Instance）。

- 属性

属性（Attribute）用来描述对象的基本特征与其所属的性质，例如一个人的属性可能会包括姓名、住址、年龄、出生年月日等。

- 方法

方法（Method）是面向对象系统中对象的动作或行为。仍以人为例，不同的职业或身份的人，他们活动的内容会有所不同，例如学生主要的活动内容为学习、老师主要的活动内容为教书。

课后习题

1. 在下列程序的循环部分中，实际执行的次数与时间复杂度是什么？

```
for i=1 to n
   for j=i to n
      for k =j to n
      { end of k Loop }
   { end of j Loop }
{ end of i Loop }
```

2. 试证明 $f(n) = a_m n^m + \cdots + a_1 n + a_0$，则 $f(n) = O(n^m)$。

3. 以下程序的 Big-Oh 是什么？

```
total=0;
for(i=1; i<=n ; i++)
    total=total+i*i;
```

4. 算法必须符合哪 5 个条件？

5. 下面的程序片段执行后，其中程序语句 sum=sum+1 被执行的次数是多少？

```
sum=0
for(i=-5;i<=100;i=i+7)
    sum=sum+1;
```

6. 试简述"面向对象程序设计"的内容。

第 2 章

经典算法介绍

我们可以这样说，算法就是用计算机来实现数学思想的一种学问，学习算法就是了解它们如何演算，以及它们如何在各层面影响我们的日常生活。善用算法是培养程序设计逻辑很重要的步骤，许多实际的问题都可用多个可行的算法来解决，要从中找出最佳的解决算法却是一项挑战。本章将为大家介绍一些近年来相当知名的算法，帮助大家更加了解不同算法的概念与技巧，以便日后更有能力分析各种算法的优劣。

2.1 分治法

分治法（Divide and Conquer，也称为"分而治之法"）是一种很重要的算法，我们可以应用分治法来逐一拆解复杂的问题，核心思想就是将一个难以直接解决的大问题依照相同的概念分割成两个或更多的子问题，以便各个击破。下面就以一个实际的例子来说明。如果有 8 幅很难画的画，就可以分成两组各 4 幅画来完成；如果还是觉得太复杂，就再分成 4 组，每组各两幅画来完成。采用相同模式反复分割问题，这就是最简单的分治法的核心思想，如图 2-1 所示。

其实任何一个可以用程序求解的问题所需的计算时间都与其规模与复杂度有关，问题的规模越小，越容易直接求解，因此可以不断分解问题，使子问题规模不断缩小，让这些子问题简单到可以直接解决，再将各

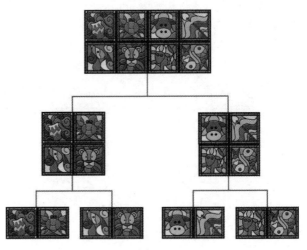

图 2-1

子问题的解合并,最后得到原问题的解答。再举个例子,如果你被委派做一个项目的规划,规划这个项目有 8 个章节的主题,如果只靠一个人独立完成,不但时间比较长,而且有些规划的内容可能不是自己的专长,这时就可以按照这 8 个章节的特性分给 2 个项目负责人去完成。为了让这个规划更快完成,又能找到适合的分类,再分别将其分割成 2 个章节,并分派给更多不同的项目成员,如此一来,每个成员只需负责其中 2 个章节,经过这样的分配,就可以将原先的大项目简化成 4 个小项目,并委派给 4 个成员去完成。以此类推,根据分治法的核心思想,可以将其切割成 8 个小主题,委派给 8 个成员去分别完成,因为参与人员较多,所以所需时间缩减到原先一个人独立完成时间的 1/8。这个例子的分治法解决方案的示意图如图 2-2 所示。

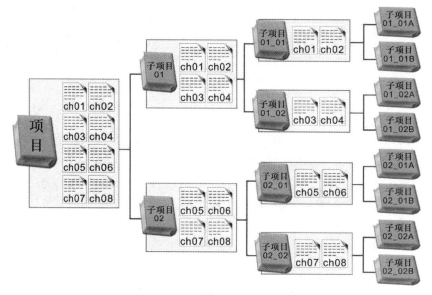

图 2-2

　　分治法也可以应用在数字的分类与排序上,如果要以人工的方式将散落在地上的打印稿从第 1 页整理并排序到第 100 页,可以有两种做法。一种方法是逐一捡起打印稿,并逐一按页码顺序插入到正确的位置。这样的方法有一个缺点,就是排序和整理的过程较为繁杂,而且比较浪费时间。此时,我们可以应用分治法的原理,先行将页码 1 到页码 10 放在一起,页码 11 到页码 20 放在一起,以此类推,将页码 91 到页码 100 放在一起,也就是说将原先的 100 页分类为 10 个页码区间,然后分别对 10 堆页码进行整理,最后从页码小到大的分组合并起来,就可以轻松恢复到原先的稿件顺序。通过分治法可以让原先复杂的问题,变成规则更简单、数量更少、速度更快且更容易轻易解决的小问题。

2.2　递　归　法

　　递归是一种很特殊的算法,分治法和递归法很像一对孪生兄弟,都是将一个复杂的算法问题进行分解,让规模越来越小,最终使子问题容易求解。递归在早期人工智能所用的语言(如 Lisp、Prolog)中几乎是整个语言运行的核心,现在许多程序设计语言(包括 C、C++、Java、Python 等)

都具备递归功能。简单来说,在某些程序设计语言中,函数或子程序不只是能够被其他函数调用或引用,还可以自己调用自己,这种调用的功能就是所谓的"递归"。

从程序设计语言的角度来说,谈到递归的定义,可以这样来描述:假如一个函数或子程序是由自身所定义或调用的,就称为递归(Recursion)。它至少要定义两个条件,包括一个可以反复执行的递归过程与一个跳出执行过程的出口。

> **提 示**
>
> "尾递归"(Tail Recursion)就是函数或子程序的最后一条语句为递归调用,因为每次调用后,再回到前一次调用的第一条语句就是 return 语句,所以不需要再进行任何运算工作了。

阶乘函数是数学上很有名的函数,对递归法而言,也可以看成是很典型的范例,一般以符号"!"来代表阶乘。例如,4 的阶乘可写为 4!,n!则表示为:

$$n! = n \times (n-1) \times (n-2) \times \cdots \times 1$$

下面逐步分解它的运算过程,以观察出其规律性。

```
5! = (5 * 4!)
   = 5 * (4 * 3!)
   = 5 * 4 * (3 * 2!)
   = 5 * 4 * 3 * (2 * 1)
   = 5 * 4 * (3 * 2)
   = 5 * (4 * 6)
   = (5 * 24)
   = 120
```

用 Java 语言编写的 n!递归函数算法如下,请注意其中所应用的递归基本条件:一个反复的过程;一个递归终止的条件,确保有跳出递归过程的出口。

```
public static int fac(int n)
{
    if(n==0)  //递归终止的条件
        return 1;
    else
        return n*fac(n-1);  //递归调用
}
```

上面用阶乘函数的范例来说明递归的运行方式,在系统中具体实现递归时则要用到堆栈的数据结构。所谓堆栈(Stack),就是一组相同数据类型的集合,所有的操作均在这个结构的顶端进行,具有"后进先出"(Last In First Out,LIFO)的特性。

我们再来看一下著名的斐波那契数列(Fibonacci Polynomial)的求解。斐波那契数列的基本定义为:

$$F_n = \begin{cases} 0 & n=0 \\ 1 & n=1 \\ F_{n-1}+F_{n-2} & n=2,3,4,5,6\cdots(n \text{ 为正整数}) \end{cases}$$

简单来说,这个数列的第 0 项是 0,第 1 项是 1,之后各项的值是由其前面两项值相加的结果(后面的每项值都是其前两项值的和)。根据斐波那契数列的定义,可以尝试把它设计成递归形式。

```java
public static int Fibonacci(int n)
{
   if (n==0)            // 第 0 项为 0
      return (0);
   else if (n==1)       // 第 1 项为 1
      return (1);
   else
      return( Fibonacci(n-1)+Fibonacci(n-2));
      // 递归调用函数:第 n 项为 n-1 与 n-2 项之和
}
```

下面用 Java 语言来设计一个计算第 *n* 项斐波那契数列的递归程序。

【范例程序:Fib.java】

```java
01  // 堆栈的应用——斐波那契数列
02  import java.io.*;
03  class Fib
04  {
05    public static void main(String args[]) throws IOException
06    {
07      int num;
08      String str;
09      BufferedReader buf;
10      buf=new BufferedReader(new InputStreamReader(System.in));
11      System.out.print("使用递归计算斐波那契数列\n");
12      System.out.print("请输入一个整数:");
13      str=buf.readLine();
14      num=Integer.parseInt(str);
15      if (num<0)
16        System.out.print("输入的数字必须大于 0\n");
17      else
18        System.out.print("Fibonacci("+num+")="+Fibonacci(num)+"\n");
19    }
20    public static int Fibonacci(int n)
21    {
22      if (n==0)         // 第 0 项为 0
23        return (0) ;
24      else if (n==1)    // 第 1 项为 1
25        return (1) ;
26      else
27        return( Fibonacci(n-1)+Fibonacci(n-2));
28        // 递归调用函数:第 n 项为 n-1 与 n-2 项之和
29    }
30  }
```

【执行结果】参考图 2-3。

图 2-3

2.3 动态规划法

动态规划法（Dynamic Programming Algorithm，DPA）类似于分治法，在 20 世纪 50 年代初由美国数学家 R. E. Bellman 发明，用于研究多阶段决策过程的优化过程与求得一个问题的最优解。动态规划法主要的做法是：如果一个问题的答案与子问题相关，就能将大问题拆解成各个小问题，其中与分治法最大的不同是可以让每一个子问题的答案被存储起来，以供下次求解时直接取用。这样的做法不但可以减少再次计算的时间，而且可以将这些解组合成大问题的解，故而使用动态规划可以解决重复计算的问题。

动态规划法是分治法的延伸。当用递归法分割出来的问题"一而再，再而三"出现时，就可以运用记忆（Memorization）法来存储这些问题。与分治法不同的地方在于，动态规划法增加了记忆机制的使用，将处理过的子问题的答案记录下来，避免重复计算。

例如，前面斐波那契数列采用的是类似分治法的递归法，如果改用动态规划法，那么已计算过的数据就不必重复计算了，也不会再往下递归，这样可以提高性能。若想求斐波那契数列的第 4 项数 Fib(4)，则它的递归过程可以用图 2-4 表示。

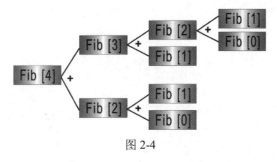

图 2-4

从上面的执行路径图中可知递归调用了 9 次，而加法运算了 4 次，Fib(1)执行了 3 次，Fib(0)执行了 2 次，重复计算影响了执行性能。根据动态规划法的算法思路可以绘制出如图 2-5 所示的执行示意图。

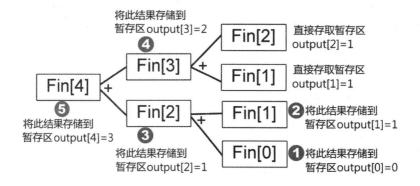

图 2-5

根据动态规划法算法的思路,用 Java 语言实现这个算法,程序代码如下:

```
public static int output[] =new int[1000]; //fibonacci 的暂存区

public static int fib(int n)
{
    int result;
    result=output[n];
    if (result==0)
    {
        if(n==0)
            return 0;
        if(n==1)
            return 1;
        else
            return (fib(n-1)+fib(n-2));
    }
    output[n]=result;
    return result;
}
```

2.4 迭 代 法

迭代法(Iterative Method)无法使用公式一次求解,而需要使用重复结构(即循环)重复执行一段程序代码来得到答案。

下面的 Java 范例程序用 for 循环计算 $n!$。

【范例程序:Fac.java】

```
01    import java.io.*;
02    class Fac
03    {
04
05        public static void main(String args[]) throws IOException
```

```
06      {
07          int sum=1;
08
09          java.util.Scanner input_obj=new java.util.Scanner(System.in);
10          System.out.print("请从键盘输入n= ");
11          int n =input_obj.nextInt();
12
13          //以for循环计算 n!
14          for(int i=1;i<n+1;i++){
15              for (int j=i;j>0;j--)
16                  sum=sum*j;      // sum=sum*j
17              System.out.println(i+"!="+sum);
18              sum=1;
19          }
20      }
21  }
```

【执行结果】参考图 2-6。

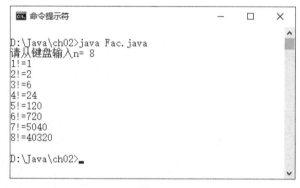

图 2-6

上述例子采用的是一种固定执行次数的迭代法，当遇到一个问题时，如果无法一次以公式求解，又不能确定要执行多少次，就可以使用 while 循环。

while 循环必须加入控制变量的起始值及递增或递减表达式，并且在编写循环过程时必须检查离开循环体的条件是否存在，如果条件不存在，就会让循环体一直执行而无法停止，导致"无限循环"。循环结构通常需要具备以下 3 个要件：

（1）变量初始值。
（2）循环条件判断表达式。
（3）调整变量增减值。

例如：

```
i=1;
while (i < 10) {
    //循环条件表达式
    System.out.println(i);
    i += 1;    //调整变量增减值
}
```

当 i 小于 10 时会执行 while 循环体内的语句，所以 i 会加 1，直到 i 等于 10。当条件判断表达式为 false 时，就会跳离循环了。

帕斯卡三角形算法

帕斯卡（Pascal）三角算法基本上就是计算出三角形每一个位置的数值。在帕斯卡三角上的每一个数字都对应一个 $_rC_n$，其中 r 代表 row（行），而 n 代表 column（列），r 和 n 都从数字 0 开始。帕斯卡三角如下：

$$_0C_0$$
$$_1C_0 \ _1C_1$$
$$_2C_0 \ _2C_1 \ _2C_2$$
$$_3C_0 \ _3C_1 \ _3C_2 \ _3C_3$$
$$_4C_0 \ _4C_1 \ _4C_2 \ _4C_3 \ _4C_4$$

帕斯卡三角对应的数据如图 2-7 所示。

图 2-7

至于如何计算帕斯卡三角中的 $_rC_n$，可以使用以下公式：

$$_rC_0 = 1$$
$$_rC_n = _rC_{n-1} \times (r - n + 1) / n$$

上面的两个式子所代表的意义是每一行的第 0 列的值一定为 1。例如，$_0C_0 = 1$、$_1C_0 = 1$、$_2C_0 = 1$、$_3C_0 = 1$……以此类推。

一旦每一行的第 0 列元素的值为数字 1 确立后，该行的每一列的元素值都可以从同一行前一列的值根据下面的公式计算得到：

$$_rC_n = _rC_{n-1} * (r - n + 1) / n$$

举例来说：

① 第 0 行帕斯卡三角的求值过程：当 $r=0$、$n=0$ 时，即第 0 行（row = 0）第 0 列（column = 0），所对应的数字为 0。

此时的帕斯卡三角外观如下：

$$1$$

② 第 1 行帕斯卡三角的求值过程：当 $r=1$、$n=0$ 时，代表第 1 行第 0 列，所对应的数字 $_1C_0 =1$；当 $r=1$、$n=1$ 时，即第 1 行（row=1）第 1 列（column = 1），所对应的数字为 $_1C_1$，代入公式 $_rC_n = {_rC_{n-1}} \times (r-n+1)/n$（其中 $r=1$，$n=1$），可以推导出 $_1C_1 = {_1C_0} \times (1-1+1)/1 = 1 \times 1 = 1$。得到的结果是 $_1C_1 = 1$。

此时的帕斯卡三角外观如下：

$$\begin{matrix} & 1 & \\ 1 & & 1 \end{matrix}$$

③ 第 2 行帕斯卡三角的求值过程：按照上面计算每一行中各个元素值的求值过程可以推导得出 $_2C_0 =1$、$_2C_1 =2$、$_2C_2 =1$。

此时的帕斯卡三角外观如下：

$$\begin{matrix} & & 1 & & \\ & 1 & & 1 & \\ 1 & & 2 & & 1 \end{matrix}$$

④ 第 3 行帕斯卡三角的求值过程：按照上面计算每一行中各个元素值的求值过程可以推导得出 $_3C_0 =1$、$_3C_1 =3$、$_3C_2 =3$、$_3C_3 =1$。

此时的帕斯卡三角外观如下：

$$\begin{matrix} & & & 1 & & & \\ & & 1 & & 1 & & \\ & 1 & & 2 & & 1 & \\ 1 & & 3 & & 3 & & 1 \end{matrix}$$

同理，可以陆续推导出第 4 行、第 5 行、第 6 行等所有帕斯卡三角中各行的元素。

2.5 枚举法

枚举法（又称为穷举法）是一种常见的数学方法，是我们在日常工作中使用最多的一种算法，核心思想是列举所有的可能。根据问题的要求，逐一列举问题的解答，或者为了便于解决问题把问题分为不重复、不遗漏的有限种情况，逐一列举各种情况，并加以解决，最终达到解决整个问题的目的。像枚举法这种分析问题、解决问题的方法，得到的结果总是正确的，缺点是速度太慢。

例如，我们想将 A 与 B 两个字符串连接起来（将 B 字符串接到 A 字符串的后面），具体做法是将 B 字符串从第一个字符开始逐步连接到 A 字符串的最后一个字符，如图 2-8 所示。

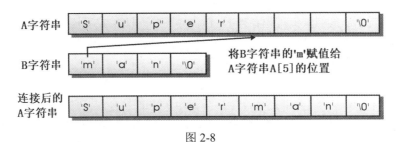

图 2-8

再来看一个例子：1000 依次减去 1，2，3…直到哪一个数时，相减的结果开始为负数？这是很纯粹的枚举法应用，只要按序减去 1，2，3，4，5，6，7，8……

$$1000-1-2-3-4-5-6-\cdots-?<0$$

以枚举法来求解这个问题，用 Java 语言编写的算法过程如下：

```
x=1;
num=1000;
while (num>=0) { //while 循环
    num-=x;
    x=x+1;
}
System.out.println(x-1);
```

简单来说，枚举法的核心思路就是将要分析的项目在不遗漏的情况下逐一列举出来，再从所列举的项目中去找到自己所需要的目标对象。

我们再举一个例子来加深大家的印象，如果我们希望列出 1~500 之间所有 5 的倍数（整数），用枚举法就是 1 开始到 500 逐一列出所有的整数，并一边枚举一边检查该枚举的数字是否为 5 的倍数，如果不是，就不加以理会，如果是，就加以输出。以 Java 语言编写的算法如下：

```
for (int num=1; num<501; num++)
    if (num % 5 ==0 )
        System.out.println(num+"是 5 的倍数");
```

接下来所举的例子很有趣，我们把 3 个相同的小球放入 A、B、C 三个小盒中，试问共有多少种不同的方法？分析枚举法的关键是分类，本题分类的方法有很多，例如可以分成这样 3 类：3 个球放在一个盒子里；两个球放在一个盒子里，剩余的一个球放在一个盒子里；3 个球分 3 个盒子放。

第一类：3 个球放在一个盒子里，会有 3 种可能的情况，如图 2-9~图 2-11 所示。

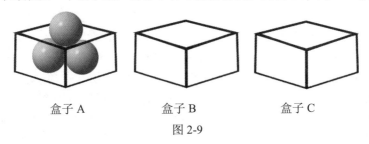

图 2-9

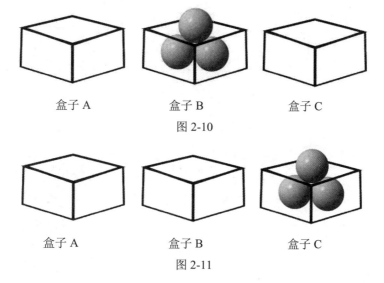

盒子 A　　　　　盒子 B　　　　　盒子 C

图 2-10

盒子 A　　　　　盒子 B　　　　　盒子 C

图 2-11

第二类：两个球放在一个盒子里，剩余的一个球放在一个盒子里，会有 6 种可能的情况，如图 2-12~图 2-17 所示。

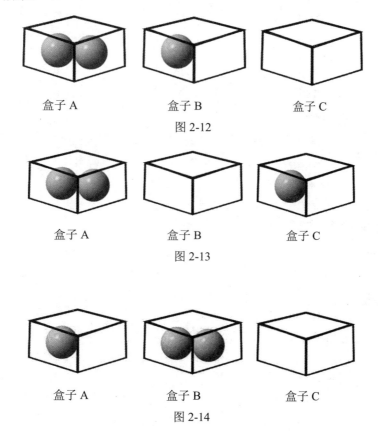

盒子 A　　　　　盒子 B　　　　　盒子 C

图 2-12

盒子 A　　　　　盒子 B　　　　　盒子 C

图 2-13

盒子 A　　　　　盒子 B　　　　　盒子 C

图 2-14

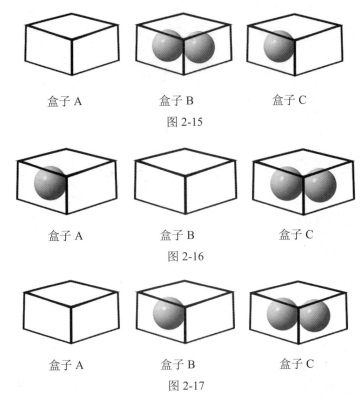

盒子 A　　　　　盒子 B　　　　　盒子 C

图 2-15

盒子 A　　　　　盒子 B　　　　　盒子 C

图 2-16

盒子 A　　　　　盒子 B　　　　　盒子 C

图 2-17

第三类：3 个球分 3 个盒子放，只有一种可能的情况，如图 2-18 所示。

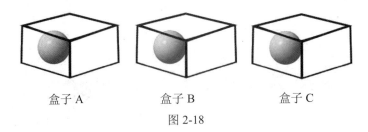

盒子 A　　　　　盒子 B　　　　　盒子 C

图 2-18

根据枚举法的思路找出上述 10 种放置小球的方式。

质数求解算法

质数是大于 1 并且除了自身之外无法被其他整数整除的数，例如 2、3、5、7、11、13、17、19、23 等，如图 2-19 所示。如何快速找出质数呢？在此特别推荐埃拉托色尼筛选法（Eratosthenes），即求质数的方法。首先假设要检查的数是 N，接着参照下列步骤就可以判断数字 N 是否为质数。在求质数的过程中，可以适时运用一些技巧来减少循环检查的次数，以便加速对质数的判断工作。除了判断一个数是否为质数外，另外一个衍生的问题就是如何求出小于 N 的所有质数？在此也一并说明。

图 2-19

求质数很简单，这个问题可以使用循环将数字 N 除以所有小于它的正整数，若可以整除则不是质数。进一步检查发现，其实只要检查到 N 的开平方根取整的正整数就可以了，这是因为 $N = A \times B$，如果 A 大于 N 的平方根，那么因为 A 和 B 乘积对称，所以相当于 B 已被检查过。由于开平方根常会碰到浮点数精确度的问题，因此为了让循环检查的速度加快，可以使用整数 i 和 $i \times i \leqslant N$ 的条件判断表达式来判定要检查到哪一个整数就可以停止了。

2.6 回溯法

回溯法（Backtracking）也是枚举法的一种，对于某些问题而言，回溯法是一种可以找出所有（或一部分）解的一般性算法，同时避免枚举不正确的数值。一旦发现不正确的数值，就不再递归到下一层，而是回溯到上一层，以节省时间，是一种走不通就退回再走的方式。它的特点主要是在搜索过程中寻找问题的解，当发现不满足求解条件时就回溯（返回），尝试别的路径，避免无效搜索。

例如，老鼠走迷宫就是一种回溯法的应用。老鼠走迷宫问题的描述是：假设把一只老鼠放在一个没有盖子的大迷宫盒的入口处，盒中有许多墙，使得大部分的路径都被挡住而无法前进。老鼠可以采用尝试错误的方法找到出口。不过，这只老鼠必须在走错路时就退回来并把走过的路记下来，避免下次走重复的路，就这样直到找到出口为止。简单来说，老鼠行进时必须遵守以下 3 个原则：

① 一次只能走一格。
② 遇到墙无法往前走时，则退回一步，找找是否有其他的路可以走。
③ 走过的路不会再走第二次。

在编写走迷宫程序之前，我们先来了解如何在计算机中描述一个仿真迷宫的地图。这时可以使用二维数组 MAZE[row][col] 并符合以下规则：

```
MAZE[i][j] = 1    表示[i][j]处有墙，无法通过
           = 0    表示[i][j]处无墙，可通行
MAZE[1][1]是入口，MAZE[m][n]是出口。
```

图 2-20 就是一个使用 10×12 二维数组的仿真迷宫地图。

【迷宫原始路径】

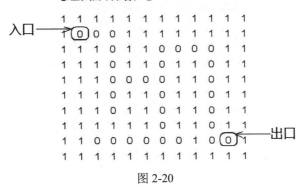

图 2-20

假设老鼠从左上角的 MAZE[1][1]进入，从右下角的 MAZE[8][10]出来，老鼠的当前位置用 MAZE[x][y]表示，那么老鼠可能移动的方向如图 2-21 所示。

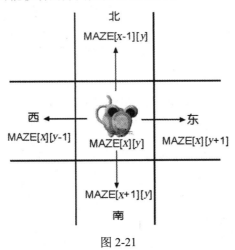

图 2-21

如图 2-21 所示，老鼠可以选择的方向共有 4 个，分别为东、西、南、北，但并非每个位置都有 4 个方向可以选择，必须视情况而定。例如，T 字形的路口就只有东、西、南 3 个方向可以选择。

可以使用链表来记录走过的位置，并且将走过的位置所对应的数组元素内容标记为 2，然后将这个位置放入堆栈，再进行下一个方向或路的选择。如果走到死胡同并且还没有抵达终点，就退回上一个位置，直到退回到上一个岔路后再选择其他的路。由于每次新加入的位置必定会在堆栈的顶端，因此堆栈顶端指针所指向的方格编号便是当前搜索迷宫出口的老鼠所在的位置。如此重复这些动作，直至走到迷宫出口为止。在图 2-22 和图 2-23 中以小球代表迷宫中的老鼠。

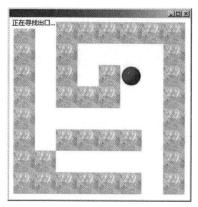
图 2-22

图 2-23

上面这样一个迷宫探索的过程可以用 Java 语言来表述。

```
01 if(上一格可走)
02 {
03     加入方格编号到堆栈;
04     往上走;
05     判断是否为出口;
06 }
07 else if(下一格可走)
08 {
09     加入方格编号到堆栈;
10     往下走;
11     判断是否为出口;
12 }
13 else if(左一格可走)
14 {
15     加入方格编号到堆栈;
16     往左走;
17     判断是否为出口;
18 }
19 else if(右一格可走)
20 {
21     加入方格编号到堆栈;
22     往右走;
23     判断是否为出口;
24 }
25 else
26 {
27     从堆栈删除一方格编号;
28     从堆栈中取出一方格编号;
29     往回走;
30 }
```

上面的算法是每次进行移动时所执行的操作，其主要是判断当前所在位置的上、下、左、右是否有可以前进的方格，若找到可前进的方格，便将该方格的编号加入到记录移动路径的堆栈中，并往该方格移动，而当四周没有可走的方格时（第 25 行），也就是当前所在的方格无法走出迷宫，必须退回到前一格重新检查是否有其他可走的路径，所以在上面算法中的第 27 行会将当前所在位置的方格编号从堆栈中删除，之后第 28 行再弹出的就是前一次所走过的方格编号。

下面的 Java 范例程序是老鼠走迷宫问题的具体实现，1 表示该处有墙无法通过，0 表示[i][j]处无墙可通行，并且将走过的位置对应的数组元素内容标记为 2。

【范例程序：TraceRecord.java】

```
01                      // 记录老鼠迷宫的行进路径
02
03                      class Node
04                      {
05                          int x;
06                          int y;
07                          Node next;
08                          public Node(int x,int y)
09                          {
10                              this.x=x;
11                              this.y=y;
12                              this.next=null;
13                          }
14                      }
15                      public class TraceRecord
16                      {
17                          public Node first;
18                          public Node last;
19                          public boolean isEmpty()
20                          {
21                              return first==null;
22                          }
23                          public void insert(int x,int y)
24                          {
25                              Node newNode=new Node(x,y);
26                              if(this.isEmpty())
27                              {
28                                first=newNode;
29                                last=newNode;
30                              }
31                              else
32                              {
33                                last.next=newNode;
34                                last=newNode;
35                              }
36                          }
37
38                          public void delete()
39                          {
```

```
40                              Node newNode;
41                              if(this.isEmpty())
42                              {
43                                  System.out.print("[队列已经空了]\n");
44                                  return;
45                              }
46                              newNode=first;
47                              while(newNode.next!=last)
48                                  newNode=newNode.next;
49                              newNode.next=last.next;
50                              last=newNode;
51
52                          }
53                      }
```

【范例程序：Mouse.java】

```
01                      // 老鼠走迷宫
02
03                      import java.io.*;
04                      public class Mouse
05                      {
06                          public static int ExitX= 8;   //定义出口的X坐标在第8行
07                          public static int ExitY= 10;  //定义出口的Y坐标在第10列
08                          public static int [][] MAZE= {{1,1,1,1,1,1,1,1,1,1,1,1},  //声明迷宫数组
09   {1,0,0,0,1,1,1,1,1,1,1,1},
10                                                        {1,1,1,0,1,1,0,0,0,0,1,1},
11   {1,1,1,0,1,1,0,1,1,0,1,1},
12   {1,1,1,0,0,0,0,1,1,0,1,1},
13   {1,1,1,0,1,1,0,1,1,0,1,1},
14   {1,1,1,0,1,1,0,1,1,0,1,1},
15   {1,1,1,1,1,1,0,1,1,0,1,1},
16   {1,1,0,0,0,0,0,0,1,0,0,1},
17   {1,1,1,1,1,1,1,1,1,1,1}};
18                          public static void main(String args[]) throws IOException
19                          {
20                              int i,j,x,y;
21                              TraceRecord path=new TraceRecord();
22                              x=1;
23                              y=1;
24                              System.out.print("[迷宫的路径(0标记的部分)]\n");
```

```java
            for(i=0;i<10;i++)
            {
                for(j=0;j<12;j++)
                    System.out.print(MAZE[i][j]);
                System.out.print("\n");
            }
            while(x<=ExitX&&y<=ExitY)
            {
                MAZE[x][y]=2;
                if(MAZE[x-1][y]==0)
                {
                    x -= 1;
                    path.insert(x,y);
                }
                else if(MAZE[x+1][y]==0)
                {
                    x+=1;
                    path.insert(x,y);
                }
                else if(MAZE[x][y-1]==0)
                {
                    y-=1;
                    path.insert(x,y);
                }
                else if(MAZE[x][y+1]==0)
                {
                    y+=1;
                    path.insert(x,y);
                }
                else if(chkExit(x,y,ExitX,ExitY)==1)
                    break;
                else
                {
                    MAZE[x][y]=2;
                    path.delete();
                    x=path.last.x;
                    y=path.last.y;
                }
            }
            System.out.print("[老鼠走过的路径(2标记的部分)]\n");
            for(i=0;i<10;i++)
            {
                for(j=0;j<12;j++)
                    System.out.print(MAZE[i][j]);
                System.out.print("\n");
            }
        }

        public static int chkExit(int x,int y,int ex,int ey)
        {
```

```
75                       if(x==ex&&y==ey)
76                       {
77 if(MAZE[x-1][y]==1||MAZE[x+1][y]==1||MAZE[x][y-1]==1|| MAZE[x][y+1]==2)
78                           return 1;
79 if(MAZE[x-1][y]==1||MAZE[x+1][y]==1||MAZE[x][y-1]==2|| MAZE[x][y+1]==1)
80                           return 1;
81 if(MAZE[x-1][y]==1||MAZE[x+1][y]==2||MAZE[x][y-1]==1|| MAZE[x][y+1]==1)
82                           return 1;
83 if(MAZE[x-1][y]==2||MAZE[x+1][y]==1||MAZE[x][y-1] ==1|| MAZE[x][y+1]==1)
84                           return 1;
85                       }
86                       return 0;
87                   }
88               }
```

【执行结果】参考图2-24。

图 2-24

2.7 贪心法

贪心法（Greed Method）又称为贪婪算法，从某一起点开始，在每一个解决问题的步骤使用贪心原则，即采取在当前状态下最有利或最优化的选择，不断地改进该解答，持续在每一个步骤中选择最佳的方法,并且逐步逼近给定的目标,当达到某一个步骤不能再继续前进时,算法就停止,以尽可能快的方法求得更好的解。贪心法可以解决与优化有关的大部分问题。

贪心法的解题思路尽管是把求解的问题分成若干个子问题,不过有时还是不能保证求得的最后解是最佳的或最优化的,因为贪心法容易过早做出决定,所以只能求出满足某些约束条件的解,而有时在某些问题上还是可以得到最优解的,例如求图结构的最小生成树、最短路径与哈夫曼编码、机器学习等方面。许多公共运输系统都会用到最短路径的理论,如图2-25所示。

图 2-25

> **提　示**
>
> 机器学习(Machine Learning,ML)是大数据与人工智能发展相当重要的一环,机器通过算法来分析数据,在大数据中找到规则。机器学习是大数据发展的下一个阶段,给计算机提供大量的"训练数据(Training Data)",发掘出多种数据变动因素之间的关联性,充分利用大数据和算法来训练机器。其应用范围相当广泛,涉及健康监控、自动驾驶、机台自动控制、医疗成像诊断工具、工厂控制系统、检测用机器人、网络营销等领域。
> 哈夫曼编码(Huffman Coding)经常应用于数据的压缩,是可以根据数据出现的频率来构建的二叉树。数据的存储和传输是数据处理的两个重要领域,两者都和数据量的大小息息相关,哈夫曼树正好可以解决数据的大小问题。

我们来看一个简单的例子(后面的货币系统不是现实的情况,只是为了举例)。假设我们去便利商店购买几罐可乐(见图2-26),要价24元,我们付给售货员100元,希望不要找太多硬币,即硬币的总数量最少,该如何找钱呢?假如目前的硬币有50元、10元、5元、1元4种,从贪心法的策略来说,应找的钱总数是76元,所以一开始选择50元的硬币一枚,接下来选择10元的硬币两枚,最后选择5元的硬币和1元的硬币各一枚,总共5枚硬币,这个结果也确实是最佳的解。

贪心法也适合用于旅游某些景点的判断,假如我们要从图2-27中的顶点5走到顶点3,最短的路径是什么呢?采用贪心法,当然是先走到顶点1,接着选择走到顶点2,最后从顶点2走到顶点3,这样的距离是28。可是从图2-27中我们发现直接

图 2-26

从顶点 5 走到顶点 3 才是最短的距离，说明在这种情况下没办法以贪心法的规则来找到最佳的解。

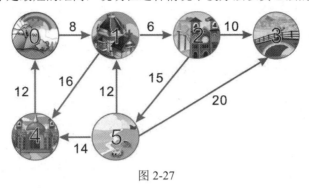

图 2-27

课后习题

1. 试简述分治法的核心思想。
2. 递归至少要定义哪两个条件？
3. 试简述贪心法的主要核心概念。
4. 简述动态规划法与分治法的差异。
5. 什么是迭代法？试简述之。
6. 枚举法的核心概念是什么？试简述之。
7. 回溯法的核心概念是什么？试简述之。

第 3 章

走入数据结构的奇妙世界

当初人们试图建造计算机的主要原因之一是用来存储和管理一些数字化的信息和数据,这也是数据结构概念的来源。当我们使用计算机解决问题时,必须以计算机能够了解的模式来描述问题,而数据结构是数据的表示法,也就是计算机中存储数据的基本结构,编写程序就像盖房子一样,要先规划出房子的结构图,如图 3-1 所示。

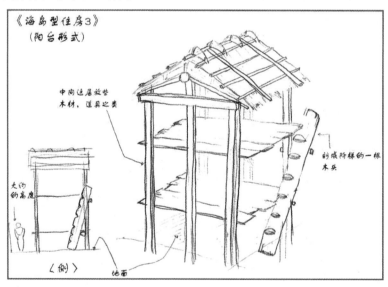

图 3-1

简单来说,数据结构讲述的是一种辅助程序设计并进行优化的方法论,它不仅考虑到数据的存储与处理的方法,同时也考虑到数据彼此之间的关系与运算,目的是提高程序的执行效率与减少对内存空间的占用等。图书馆的书籍管理也是一种数据结构的应用,如图 3-2 所示。

图 3-2

3.1 认识数据结构

在信息技术如此发达的今天,我们每天的生活已经和计算机密不可分了。计算机与数据是息息相关的,因为计算机具有处理速度快和存储容量大两大特点,所以在数据处理中扮演着举足轻重的角色。所谓数据(Data),指的是一种未经处理的原始文字(Word)、数字(Number)、符号(Symbol)或图形(Graph)等,例如姓名或我们常看到的课表、通讯录等。

当数据经过处理(Process),例如以特定的方式系统地进行整理、归纳甚至分析后,就成为"信息"(Information)。这样处理的过程称为"数据处理",如图 3-3 所示。信息是使用大量的数据经过系统地整理、分析、筛选而提炼出来的,具有参考价值,并可为决策提供所需的文字、数字、符号或图表。

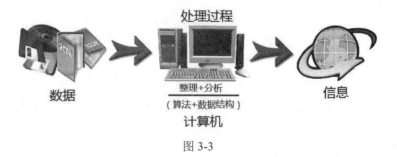

图 3-3

数据结构加算法是指数据进入计算机内进行处理的一套完整逻辑,选定了数据结构就决定了在计算机中数据的存放顺序和位置。例如,在程序设计中需要存取某块内存的数据时,就可以直接使用变量(Variable)名称 num1 与 num2 进行存取,如图 3-4 所示。

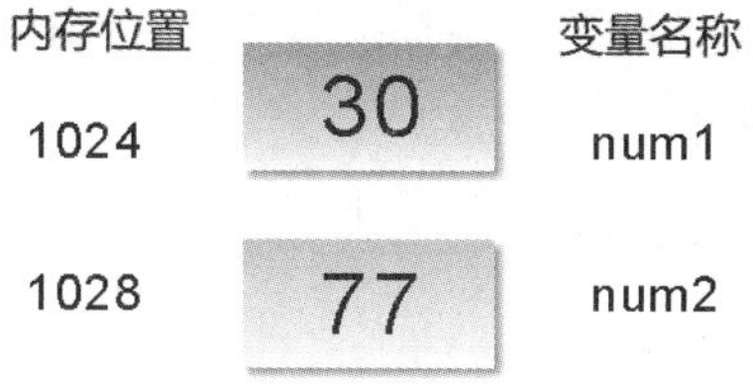

图 3-4

通过程序设计语言所提供的数据类型、引用方法以及相应的操作就可以实现数据结构对应的算法。我们知道一个程序能否快速而有效地完成预定的任务取决于是否选对了数据结构，而程序是否能清楚而正确地把问题解决则取决于算法。因此，我们可以直接这么认为："数据结构加上算法等于有效率的可执行程序"，如图3-5所示。

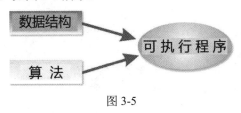

图 3-5

程序设计人员必须选择各种数据结构来进行数据的添加、修改、删除、存储等操作。当数据存储在内存中时，根据数据的使用目的对数据进行妥善的结构化就可以提高使用效率。如果在选择数据结构时做了错误的决定，那么程序执行的速度将可能变得非常低；如果选错了数据类型，那么后果更是不堪设想。

以日常生活中的医院为例，医院会将事先设计好的个人病历表准备好，当有新的病人上门时，请他们填写好个人的基本信息，之后管理人员就可以按照某种次序（例如姓氏、年龄或电话号码）将病历表加以分类，然后用文件夹或档案柜加以收藏，如图3-6所示。

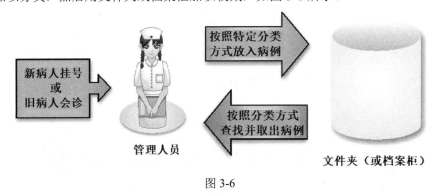

图 3-6

日后当某位病人回诊时，只要询问病人的姓名或年龄，管理人员就可以快速地从文件夹或档案柜中找出病人的病历表，而这个档案柜中所存放的病历表也是一种数据结构的应用。

计算机化业务的增加带动了数字化数据的大量增长，如图3-7所示。数据结构用于表示数据在计算机内存中所存储的位置和方式，通常可以分为以下3种数据类型。

- 基本数据类型（Primitive Data Type）

基本数据类型是不能以其他类型来定义的数据类型，或称为标量数据类型（Scalar Data Type）。几乎所有的程序设计语言都会为标量数据类型提供一组基本数据类型，例如 Python 语言中的基本数据类型包括整数、浮点数、布尔值和字符等。

- 结构数据类型（Structured Data Type）

结构数据类型也被称为虚拟数据类型（Virtual Data Type），是一种比基本数据类型更高一级的数据类型，例如字符串（String）、数组（Array）、指针（Pointer）、列表（List）、文件

（File）等。

- 抽象数据类型（Abstract Data Type，ADT）

我们可以将一种数据类型看成是一种值的集合，以及在这些值上所进行的运算和所代表的属性组成的集合。"抽象数据类型"比结构数据类型更高级，是指一个数学模型以及定义在此数学模型上的一组数学运算或操作。也就是说，抽象数据类型在计算机中体现了一种"信息隐藏"（Information Hiding）的程序设计思想以及表示了信息之间的某种特定的关系模式。例如，堆栈（Stack）就是一种典型的抽象数据类型，具有后进先出（Last In First Out，LIFO）的数据操作方式。

图 3-7

3.2 常见的数据结构

不同种类的数据结构适用于不同种类的程序应用，选择适当的数据结构是让算法发挥最大性能的主要因素，精心选择的数据结构可以给设计的程序带来更高效率的算法。然而，无论是哪种情况，数据结构的选择都是至关重要的。接下来我们将介绍一些常见的数据结构。

3.2.1 数组

"数组"结构在计算机内部就是一排紧密相邻的可数内存空间，并提供一个能够直接访问单个数据内容的计算方法。我们可以想象一下自家的信箱，每个信箱都有地址，其中街道名就是名称，而信箱号码就是数组的下标（也称为"索引"），如图 3-8 所示。

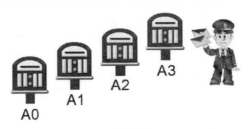

图 3-8

邮递员可以按照信件上的地址把信件直接投递到指定的信箱中,这就好比程序设计语言中数组的名称表示一块紧密相邻的内存空间的起始位置,而数组的下标(或索引)则用来表示从此内存起始位置开始后的第几个内存区块。

数组类型是一种典型的静态数据结构,使用连续分配的内存空间(Contiguous Allocation)来存储有序表中的数据。静态数据结构在编译时就给相关的变量分配好内存空间。在建立静态数据结构的初期,必须事先声明最大可能要占用的固定内存空间,因此容易造成内存的浪费。优点是设计时相当简单,而且读取与修改数组中任意一个元素的时间都是固定的;缺点是删除或加入数据时需要移动大量的数据。

数组是一组具有相同名称和数据类型的变量的集合,并且它们在内存中占有一块连续的内存空间。数组可以分为一维数组、二维数组与多维数组等,它们的基本工作原理都相同。如果想要存取数组中的数据,需要配合下标值(Index,或称为索引值)找到数组中指定位置的值。在图 3-9 中的 Array_Name 是拥有 5 个相同数据类型数值的一维数组。通过名称 Array_Name 与下标值即可方便地存取这 5 个数据。

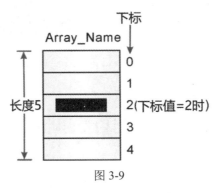

图 3-9

下面的 Java 范例程序使用一维数组查找并存储范围为 1 到 MAX 内的所有质数。

【范例程序:Prime.java】

```
01  // 一维数组的应用:求质数
02  class Prime
03  {
04      public static void main(String args[])
05      {
06          final int MAX=300;
07          //false为质数,true为非质数
08          //声明后若没有给定初值,则其默认值为false
09          boolean prime[]=new boolean[MAX];
```

```
10       prime[0]=true;//0为非质数
11       prime[1]=true;//1为非质数
12       int num=2,i;
13       //将1~MAX中不是质数者逐一过滤掉,以此方式找到所有质数
14       while(num<MAX)
15       {
16           if(!prime[num])
17           {
18               for(i=num+num;i<MAX;i+=num)
19               {
20                   if(prime[i]) continue;
21                   prime[i]=true;//设置为true,代表此数为非质数
22               }
23           }
24           num++;
25       }
26       //打印1~MAX间的所有质数
27       System.out.println("1到"+MAX+"间的所有质数:");
28       for(i=2,num=0;i<MAX;i++)
29       {
30           if(!prime[i])
31           {
32               System.out.print(i+"\t");
33               num++;
34           }
35       }
36       System.out.println("\n质数总数= "+num+"个");
37   }
38 }
```

【执行结果】参考图 3-10。

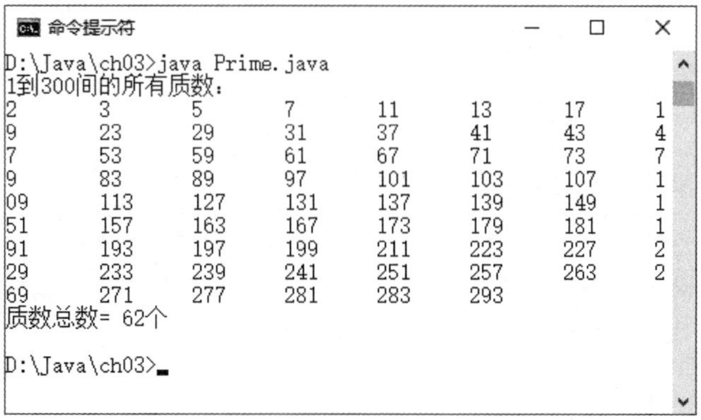

图 3-10

二维数组（Two-Dimension Array）可视为一维数组的扩展，都是用于处理数据类型相同的数据，差别只在于维数的声明。例如，一个含有 $m \times n$ 个元素的二维数组 $A(1{:}m, 1{:}n)$，m 代表行数，n 代表列数，$A[4][4]$ 数组中各个元素在直观平面上的具体排列方式可参考图 3-11。

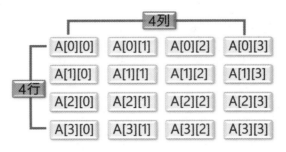

图 3-11

下面的 Java 范例程序使用二维数组来存储产生的随机数。随机数生成时记录随机数重复的次数，并使用二维数组的索引值特性及 while 循环机制进行反向检查，以找出重复次数最多的 6 个随机数。

【范例程序：Rand.java】

```
01  // 多维数组的应用
02  import java.util.*;
03  public class Rand
04  {
05      public static void main(String[] args)
06      {
07          //变量声明
08          int intCreate=1000000;//产生随机数次数
09          int intRand;              //产生的随机数
10          int[][] intArray=new int[2][42];//存放随机数的数组
11          //将产生的随机数存放到数组中
12          while(intCreate-->0)
13          {
14              intRand=(int)(Math.random()*42);
15              intArray[0][intRand]++;
16              intArray[1][intRand]++;
17          }
18          //对intArray[0]数组进行排序
19          Arrays.sort(intArray[0]);
20          //找出重复次数最多的6个随机数
21          for(int i=41;i>(41-6);i--)
22          {
23              //逐一检查次数相同者
24              for(int j=41;j>=0;j--)
25              {
26                  //当次数匹配时打印输出
27                  if(intArray[0][i]==intArray[1][j])
28                  {
29                      System.out.println("随机数 "+(j+1)+" 出现 "+intArray[0][i]+" 次");
30                      intArray[1][j]=0;   //将找到的随机数对应的重复次数归零
31                      break;              //中断内循环，继续外循环
32                  }
```

```
33              }
34          }
35      }
36 }
```

【执行结果】参考图 3-12。

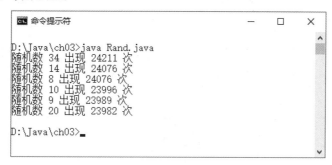

图 3-12

三维数组的表示法和二维数组一样，也可视为是一维数组的扩展或延伸。如果数组为三维数组，就可以看作一个立方体。将 arr[2][3][4]三维数组想象成空间上的立方体，如图 3-13 所示。

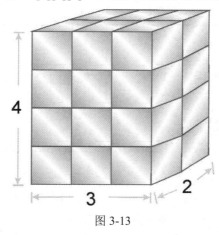

图 3-13

3.2.2 链表

链表（Linked List）又称为动态数据结构，使用不连续内存空间来存储，是由许多相同数据类型的数据项按特定顺序排列而成的线性表。链表的特性是其各个数据项在计算机内存中的位置是不连续且随机（Random）存放的，其优点是数据的插入或删除都相当方便。当有新数据加入链表后，就向系统申请一块内存空间；在数据被删除后，就把这块内存空间还给系统。在链表中添加和删除数据都不需要移动大量的数据。

在日常生活中有许多链表抽象概念的运用，例如可以把链表想象成火车（见图 3-14），有多少人就挂多少节车厢，当假日人多、需要较多车厢时就多挂些车厢，平日里人少时就把车厢的数量减少，这种做法非常有弹性。

图 3-14

在动态分配内存空间时,最常使用的就是"单向链表"(Single Linked List)。一个单向链表节点基本上是由数据字段和指针两个元素所组成的,指针将会指向下一个元素在内存中的地址,如图 3-15 所示。

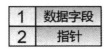

图 3-15

在"单向链表"中,第一个节点是"链表头指针";指向最后一个节点的指针设为 NULL,表示它是"链表尾",不指向任何地方。例如,链表 A={a, b, c, d, x},其单向链表的数据结构如图 3-16 所示。

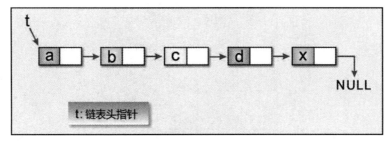

图 3-16

由于单向链表中所有节点都知道节点本身的下一个节点在哪里,对于前一个节点却没有办法知道,因此在单向链表的各种操作中"链表头指针"显得相当重要,只要存在链表头指针,就可以遍历整个链表、进行加入和删除节点等操作。注意,除非必要,否则不可移动链表头指针。

3.2.3 堆栈

堆栈(Stack)是一组相同数据类型的组合,所有的操作均在堆栈顶端进行,具有"后进先出"的特性。所谓后进先出,其实就如同自助餐中餐盘在桌面上一个一个往上叠放,在取用时先拿最上面的餐盘,如图 3-17 所示,这是典型的堆栈概念的应用。

堆栈是一种抽象数据类型,具有下列特性:

(1)只能从堆栈的顶端存取数据。
(2)数据的存取符合"后进先出"的原则。

图 3-17

堆栈压入和弹出的操作过程如图 3-18 所示。

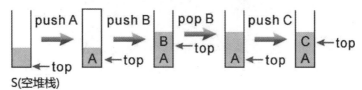

图 3-18

堆栈的基本运算如表 3-1 所示。

表 3-1 堆栈的基本运算

运算	说明
create	创建一个空堆栈
push	把数据存压入堆栈顶端,并返回新堆栈
pop	从堆栈顶端弹出数据,并返回新堆栈
empty	判断堆栈是否为空堆栈,是则返回 true,不是则返回 false
full	判断堆栈是否已满,是则返回 true,不是则返回 false

堆栈压入(push)和弹出(pop)操作示意图如图 3-19 所示。

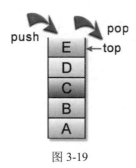

图 3-19

3.2.4 队列

队列(Queue)和堆栈都是有序列表,也属于抽象数据类型,所有加入与删除的动作都发生在不同的两端，并且符合"First In First Out"（先进先出）的特性。队列的概念就好比乘坐火车时买票的队伍，先到的人自然可以优先买票，买完票后就从前端离去准备乘坐火车，而队伍的后端又陆续有新的乘客加入，如图 3-20 所示。

图 3-20

队列在计算机领域的应用也相当广泛，如计算机的模拟（Simulation）、CPU 的作业调度（Job Scheduling）、外围设备联机并发处理系统（Spooling）的应用与图形遍历的广度优先搜索法（BFS）。堆栈只需一个顶端 top，指针指向堆栈顶端；队列则必须使用 front 和 rear 两个指针分别指向队列前端和队列末尾，如图 3-21 所示。

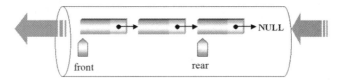

图 3-21

队列是一种抽象数据类型，有下列特性：

（1）具有先进先出的特性。

（2）拥有加入与删除两种基本操作，而且使用 front 与 rear 两个指针分别指向队列的前端与末尾。

队列的基本运算有表 3-2 所示的 5 种。

表 3-2　队列的基本运算

运算	说明
create	创建空队列
add	将新数据加入队列的末尾，返回新队列
delete	删除队列前端的数据，返回新队列
front	返回队列前端的值
empty	若队列为空，则返回 true，否则返回 false

3.3 树结构简介

树结构（或称为树形结构）是一种日常生活中应用相当广泛的非线性结构，包括企业内的组织结构、家族的族谱、篮球赛程等。另外，在计算机领域中的操作系统与数据库管理系统都是树结构，比如 Windows、UNIX 操作系统和文件系统均是树结构的应用。图 3-22 所示的 Windows 文件资源管理器就是以树结构来存储各种文件的。

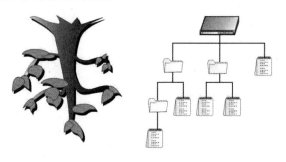

图 3-22

在年轻人喜爱的大型网络游戏中，需要获取某些物体所在的地形信息，如果程序是依次从构成地形的模型三角面寻找，往往就会耗费许多运行时间，非常低效。因此，程序员一般会使用树结构中的二叉空间分割树（BSP tree）、四叉树（Quadtree）、八叉树（Octree）等来代表分割场景的数据，如图 3-23 和图 3-24 所示。

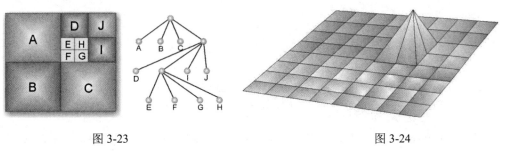

图 3-23　　　　　　　　　　　　　　　图 3-24

3.3.1 树的基本概念

树（Tree）是由一个或一个以上的节点（Node）组成的。树中存在一个特殊的节点，称为树根（Root）。每个节点都是一些数据和指针组合而成的记录。除了树根，其余节点可分为 $n \geqslant 0$ 个互斥的集合，即 $T_1, T_2, T_3, \cdots, T_n$，其中每一个子集合本身也是一种树结构，即此根节点的子树。在图 3-25 中，A 为根节点，B、C、D、E 均为 A 的子节点。

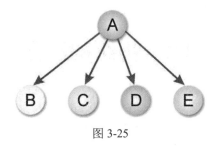

图 3-25

一棵合法的树,节点间虽可以互相连接,但不能形成无出口的回路。例如,图 3-26 就是一棵不合法的树。

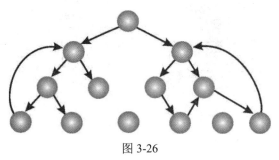

图 3-26

在树结构中,有许多常用的专有名词,这里将以图 3-27 中这棵合法的树来为大家详细介绍。

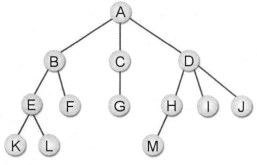

图 3-27

- 度数(Degree):每个节点所有子树的个数。例如,图 3-27 中节点 B 的度数为 2,D 的度数为 3,F、K、I、J 等的度数为 0。
- 层数(Level):树的层数,假设树根 A 为第一层,B、C、D 节点的层数为 2,E、F、G、H、I、J 的层数为 3。
- 高度(Height):树的最大层数。图 3-27 所示的树的高度为 4。
- 树叶或称终端节点(Terminal Node):度数为零的节点就是树叶。图 3-27 中的 K、L、F、G、M、I、J 就是树叶。图 3-28 中有 4 个树叶节点,即 E、C、H、I。

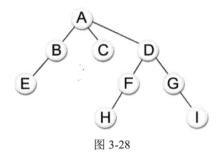

图 3-28

- 父节点（Parent）：一个节点连接的上一层节点。在图 3-27 中，F 的父节点为 B，而 B 的父节点为 A，通常在绘制树形图时，我们会将父节点画在子节点的上方。
- 子节点（Children）：一个节点连接的下一层节点。在图 3-27 中，A 的子节点为 B、C、D，而 B 的子节点为 E、F。
- 祖先（Ancestor）和子孙（Descendent）：所谓祖先，是指从树根到该节点路径上所包含的节点；子孙是从该节点往下追溯，子树中的任一节点。在图 3-27 中，K 的祖先为 A、B、E 节点，H 的祖先为 A、D 节点，B 的子孙为 E、F、K、L 节点。
- 兄弟节点（Sibling）：有共同父节点的节点。在图 3-27 中，B、C、D 为兄弟节点，H、I、J 也为兄弟节点。
- 非终端节点（Nonterminal Node）：树叶以外的节点，如图 3-27 中的 A、B、C、D、E、H。
- 同代（Generation）：在同一棵树中具有相同层数的节点，如图 3-27 中的 E、F、G、H、I、J 或 B、C、D。
- 森林（Forest）：n（$n \geq 0$）棵互斥树的集合。将一棵大树移去树根即为森林。例如图 3-29 所示为包含 3 棵树的森林。

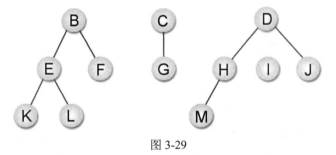

图 3-29

3.3.2 二叉树

一般树结构在计算机内存中的存储方式是以链表（Linked List）为主的。对于 n 叉树（n-way 树）来说，因为每个节点的度数都不相同，所以我们必须为每个节点都预留存放 n 个链接字段的最大存储空间。每个节点的数据结构如下：

| data | link$_1$ | link$_2$ | | link$_n$ |

请大家特别注意，这种 n 叉树十分浪费链接存储空间。假设此 n 叉树有 m 个节点，那么此树共有 $n \times m$ 个链接字段。另外，因为除了树根外每一个非空链接都指向一个节点，所以空链接个数

为 $n \times m - (m-1) = m \times (n-1) + 1$，而 n 叉树的链接浪费率为 $\dfrac{m \times (n-1) + 1}{m \times n}$。因此，我们可以得出以下结论：

- $n=2$ 时，二叉树的链接浪费率约为 1/2；
- $n=3$ 时，三叉树的链接浪费率约为 2/3；
- $n=4$ 时，四叉树的链接浪费率约为 3/4；

……

因为当 $n = 2$ 时，它的链接浪费率最低，所以为了改进存储空间浪费的缺点，我们经常使用二叉树（Binary Tree）结构来取代其他树结构。

二叉树（又称为 Knuth 树）是一个由有限节点所组成的集合。此集合可以为空集合，或者由一个树根及其左右两个子树所组成。简单地说，二叉树最多只能有两个子节点，就是度数小于或等于 2。其计算机中的数据结构如下：

| LLINK | Data | RLINK |

二叉树和一般树的不同之处整理如下：

（1）树不可为空集合，但是二叉树可以。
（2）树的度数为 $d \geqslant 0$，但二叉树的节点度数为 $0 \leqslant d \leqslant 2$。
（3）树的子树间没有次序关系，二叉树则有。

下面我们来看一棵实际的二叉树（见图 3-30）。

图 3-30 是以 A 为根节点的二叉树，且包含了以 B、D 为根节点的两棵互斥的左子树和右子树，如图 3-31 所示。

图 3-30　　　　　　　　　　图 3-31

以上这两棵左右子树都属于同一种树结构，不过却是两棵不同的二叉树结构，原因就是二叉树必须考虑前后次序的关系，这点大家要特别注意。

3.4　图论简介

树结构用于描述节点与节点之间"层次"的关系，图结构则是讨论两个顶点之间"连通与否"的关系。在图中连接两个顶点的边，如果填上加权值（成本），则称这类图为"网络"。图在生活中的应用非常普遍，如图 3-32 所示。

图 3-32

图除了应用在算法和数据结构的最短路径搜索、拓扑排序中之外,还能应用在系统分析中以时间为评审标准的性能评审技术(Performance Evaluation and Review Technique,PERT),或者像"IC 电路设计""交通网络规划"等应用。注意:在图论中,图的定义有特定的含义。

图论(Graph Theory)起源于 1736 年,是一位瑞士数学家欧拉(Euler)为了解决"哥尼斯堡"问题所想出来的一种数据结构理论,这就是著名的"七桥问题"(见图 3-33)。简单来说,就是有七座横跨四个城市的大桥。欧拉所思考的问题是这样的,"是否有人在只经过每一座桥梁一次的情况下,把所有地方都走过一次而且回到原点。"

欧拉当时使用的方法就是以图结构来进行分析的。他以顶点表示城市,以边表示桥梁,并定义连接每个顶点的边数为该顶点的度数。所以可以用图 3-34 所示的简图来表示"哥尼斯堡桥梁"问题。

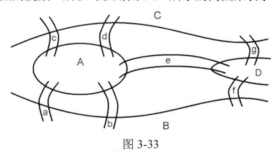

图 3-33

最后欧拉得出一个结论:"当所有顶点的度数都为偶数时,才能从某顶点出发,经过每条边一次,再回到起点。"也就是说,在图 3-34 中每个顶点的度数都是奇数,所以欧拉所思考的问题是不可能发生的,这个就是有名的"欧拉环"(Eulerian Cycle)理论。

但是,如果条件改成从某顶点出发,经过每条边一次,不一定要回到起点,即只允许其中两个顶点的度数是奇数,其余必须为偶数,符合这样的结果就称为欧拉链(Eulerian Chain),如图 3-35 所示。

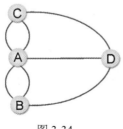

图 3-34

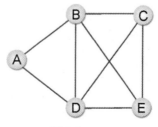

图 3-35

图的定义

图是由"顶点"和"边"所组成的集合,通常用 $G = (V, E)$ 来表示,其中 V 是所有顶点组成的集合,而 E 代表所有边组成的集合。图的种类有两种:一种是无向图;另一种是有向图。无向图以 (V_1, V_2) 表示其边,有向图则以 $<V_1, V_2>$ 表示其边。

1. 无向图

无向图(Graph)是一种边没有方向的图,即具有相同边的两个顶点没有次序关系,例如 (V_1, V_2) 与 (V_2, V_1) 代表的是相同的边,如图 3-36 所示。

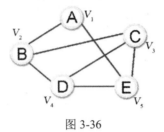

图 3-36

```
V={A,B,C,D,E}
E={(A,B),(A,E),(B,C),(B,D),(C,D),(C,E),(D,E)}
```

2. 有向图

有向图(Digraph)是一种每一条边都可使用有序对 $<V_1, V_2>$ 来表示的图,并且 $<V_1, V_2>$ 与 $<V_2, V_1>$ 表示两个方向不同的边,$<V_1, V_2>$ 是指以 V_1 为末尾指向为头部的 V_2,如图 3-37 所示。

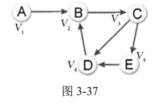

图 3-37

```
V={A,B,C,D,E}
E={<A,B>,<B,C>,<C,D>,<C,E>,<E,D>,<D,B>}
```

3.5 哈希表

哈希表是一种存储记录的连续内存,通过哈希函数的应用,可以快速存取与查找数据。所谓哈希法(Hashing),就是将本身的键(Key)通过特定的数学函数运算或使用其他的方法转换成相对应的数据存储地址,如图 3-38 所示。注:哈希法所使用的数学函数称为"哈希函数"(Hashing Function)。另外,Key 在不混淆"键–值对"(Key-Value Pair)时也可以称之为键值。

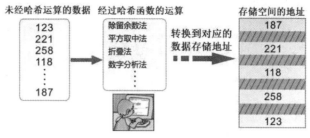

图 3-38

先来了解一下有关哈希函数的相关名词：

- Bucket（桶）：哈希表中存储数据的位置，每一个位置对应唯一的地址（Bucket Address）。桶就好比存在一个记录的位置。
- Slot（槽）：每一个记录中可能包含多个字段，而 Slot 指的就是"桶"中的字段。
- Collision（碰撞）：两个不同的数据经过哈希函数运算后对应到相同的地址。
- 溢出：如果数据经过哈希函数运算后所对应的 Bucket 已满，就会使 Bucket 发生溢出。
- 哈希表：存储记录的连续内存。哈希表是一种类似数据表的索引表格，其中可分为 n 个 Bucket，每个 Bucket 又可分为 m 个 Slot，如表 3-3 所示。

表 3-3 索引表

	索引	姓名	电话
bucket →	0001	Allen	07-772-1234
	0002	Jacky	07-772-5525
	0003	May	07-772-6604

↑slot　↑slot

- 同义词（Synonym）：当两个标识符 I_1 和 I_2 经过哈希函数运算后所得的数值相同时，即 $f(I_1)=f(I_2)$，就称 I_1 与 I_2 对于 f 这个哈希函数是同义词。
- 加载密度（Loading Factor）：标识符的使用数目除以哈希表内槽的总数，即

$$\alpha（加载密度）= \frac{n（标识符的使用数目）}{s（每一个桶内的槽数）\times b（桶的数目）}$$

α 值越大，表示哈希存储空间的使用率越高，碰撞或溢出的概率也会越高。

- 完美哈希（Perfect Hashing）：没有碰撞也没有溢出的哈希函数。

在设计哈希函数时应该遵循以下原则：

（1）避免碰撞和溢出的发生。
（2）哈希函数不宜过于复杂，越容易计算越佳。
（3）尽量把文字的键值转换成数字的键值，以利于哈希函数的运算。
（4）所设计的哈希函数计算得到的值尽量能均匀地分布在每一桶中，不要过于集中在某些桶中，这样既可以降低碰撞又能减少溢出。

课后习题

1. 解释抽象数据类型。
2. 简述数据与信息的差异。
3. 数据结构主要是表示数据在计算机内存中所存储的位置和模式,通常可以分为哪 3 种类型?
4. 试简述一个单向链表节点字段的组成。
5. 简要说明堆栈与队列的主要特性。
6. 什么是欧拉链理论?试绘图说明。
7. 解释下列哈希函数的相关名词。
   (1) Bucket(桶)
   (2) 同义词
   (3) 完美哈希
   (4) 碰撞
8. 一般树结构在计算机内存中的存储方式是以链表为主的,对于 n 叉树来说,我们必须取 n 为链接个数的最大固定长度,试说明为了改进存储空间浪费的缺点为何经常使用二叉树结构来取代树结构。

第 4 章

排序算法

排序(Sorting)算法几乎可以说是最常使用到的一种算法,其目的是将一串不规则的数据按照递增或递减的方式重新排列。随着大数据和人工智能(Artificial Intelligence,AI)技术的普及和应用,企业所拥有的数据量都在成倍增长,排序算法就成为不可或缺的重要工具之一。在大家爱玩的各种电子游戏中,排序算法也无处不在。例如,在游戏中,在处理多边形模型中隐藏面消除的过程时,不管场景中的多边形有没有挡住其他的多边形,只要按照从后到前的顺序光栅化图形就可以正确地显示出所有可见的图形。其实就是可以沿着观察方向,按照多边形的深度信息对它们进行排序处理,如图 4-1 所示。

图 4-1

> **提示**
>
> 光栅处理的主要作用是将 3D 模型转换成能够被显示于屏幕的图像,并对图像进行修正和进一步美化处理,让展现在眼前的画面能更加逼真与生动。
>
> 人工智能的概念最早是由美国科学家 John McCarthy 于 1955 年提出的,目标是使计算机具有类似人类学习解决复杂问题与进行思考的能力。简单地说,人工智能就是由计算机所仿真或执行的具有类似人类智慧或思考的行为,如推理、规划、解决问题及学习等能力。

4.1 认识排序

排序功能对于计算机相关领域而言是一项非常重要并且普遍的工作。所谓排序，就是指将一组数据按特定规则调换位置，使数据具有某种顺序关系（递增或递减）。用以排序的依据被称为键（Key 或键值）。通常，键值的数据类型有数值类型、中文字符串类型以及非中文字符串类型 3 种。

在比较的过程中，如果键值为数值类型，就直接以数值的大小作为键值大小比较的依据；如果键值为中文字符串，就按照该中文字符串从左到右逐字进行比较，并以该中文内码（例如：中文简体 GB 码、中文繁体 BIG5 码）的编码顺序作为键值大小比较的依据。假设该键值为非中文字符串，则和中文字符串类型的比较方式类似，仍然按照该字符串从左到右逐字比较，不过是以该字符串的 ASCII 码的编码顺序作为键值大小比较依据的。

在排序的过程中，数据的移动方式可分为"直接移动"和"逻辑移动"两种。"直接移动"是直接交换存储数据的位置，而"逻辑移动"并不会移动数据存储的位置，仅改变指向这些数据的辅助指针的值，如图 4-2 和图 4-3 所示。

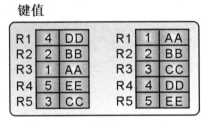

图 4-2

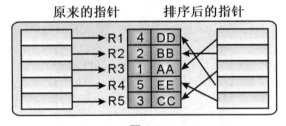

图 4-3

两者之间的优缺点在于直接移动会浪费许多时间，而逻辑移动只要改变辅助指针指向的位置就能轻易达到排序的目的。例如，在数据库中，可在报表中显示多个记录，也可以针对这些字段的特性进行分组并排序与汇总，这就属于逻辑移动，而不是直接改变数据在数据文件中的位置。数据在经过排序后会有以下好处。

（1）数据容易阅读。
（2）数据利于统计和整理。
（3）可大幅减少数据查找的时间。

排序的分类

排序通常按照数据量的多寡和所使用的内存可分为"内部排序"（Internal Sort）和"外部排序"（External Sort），数据量小，可以全部加载到内存（如 RAM）来进行的排序就称为内部排序，大部分排序属于此类。数据量大，无法全部一次性加载到内存，必须借助磁带、磁盘等辅助存储器进行的排序称为外部排序。

以上只是粗略的区分，随着数据结构科学的进步，陆续提出了冒泡排序法、选择排序法、插入排序法、合并排序法、快速排序法、堆积排序法、希尔排序法、基数排序法、直接合并排序法等，各有其特色与应用场合。排序的各种算法称得上是数据科学这门学科的精髓所在。每一种排序方法都有其适用的情况与数据类型。排序算法的选择将影响到排序的结果与绩效，通常可由以下几点决定：

- 算法是否稳定

所谓稳定的排序，是指数据在经过排序后，两个相同键值的记录仍然保持原来的顺序。例如，下例中 $7_左$ 的原始位置在 $7_右$ 的左边（$7_左$ 和 $7_右$ 是指相同键值一个在左、一个在右），稳定的排序（Stable Sort）后 $7_左$ 仍应在 $7_右$ 的左边，不稳定排序则有可能出现 $7_左$ 跑到 $7_右$ 的右边。

原始数据顺序：	$7_左$	2	9	$7_右$	6
稳定的排序：	2	6	$7_左$	$7_右$	9
不稳定的排序：	2	6	$7_右$	$7_左$	9

- 时间复杂度

当数据量相当大时，排序算法所花费的时间显得相当重要。排序算法的时间复杂度可分为最好情况（Best Case）、最坏情况（Worst Case）及平均情况（Average Case）。最好情况就是数据已完成排序，例如原本数据已经完成升序了，如果再进行一次升序所使用的时间复杂度就是最好情况。最坏情况是指每一键值均须重新排列，简单的例子如原本为升序重新排序成为递减：

| 排序前： | 2 | 3 | 4 | 6 | 8 | 9 |
| 排序后： | 9 | 8 | 6 | 4 | 3 | 2 |

这种排序的时间复杂度就是最坏情况。

- 空间复杂度

空间复杂度就是指算法在执行过程所需付出的额外内存空间。假如所挑选的排序法必须通过递归的方式来进行，那么递归过程中会用到的堆栈就是这个排序法必须付出的额外空间。另外，任何排序法都有数据互换位置（对调）的操作，数据互换位置就会暂时用到一个额外的空间，它也是排序法中空间复杂度要考虑的问题。排序法所使用的额外空间越少，它的空间复杂度就越好。例如，冒泡法在排序过程中仅会用到一个额外的空间，在所有的排序算法中，这样的空间复杂度算是最好的。

4.2 冒泡排序法

冒泡排序法又称为交换排序法，是从观察水中气泡变化构思而成的，原理是从第一个元素开始，比较相邻元素的大小，若大小顺序有误，则对调后再进行下一个元素的比较，就仿佛气泡从水底逐渐升到水面上一样。如此扫描过一次之后就可以确保最后一个元素位于正确的顺序。接着逐步进行第二次扫描，直到完成所有元素的排序为止。

下面我们用数列（55, 23, 87, 62, 16）来演示排序过程，这样大家可以清楚地知道冒泡排序法的具体流程。图 4-4 所示为数列的原始值。

图 4-4

从小到大排序的过程如下：

① 第一次扫描会先拿第一个元素 55 和第二个元素 23 进行比较，如果第二个元素小于第一个元素，则进行互换；接着拿 55 和 87 进行比较，就这样一直比较并互换，到第 4 次比较完后即可确定最大值在数组的最后面，如图 4-5 所示。

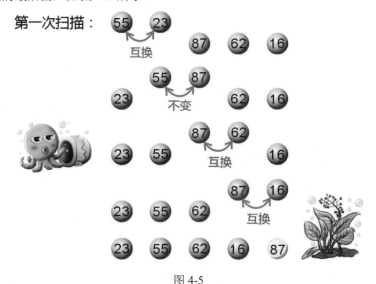

图 4-5

② 第二次扫描也是从头比较，但因为最后一个元素在第一次扫描就已确定是数组中的最大值，所以只需比较 3 次即可把剩余数组元素的最大值排到剩余数组的最后面，如图 4-6 所示。

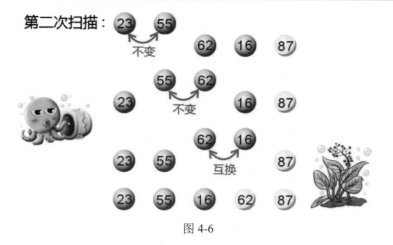

图 4-6

③ 第三次扫描只需要比较两次，如图 4-7 所示。

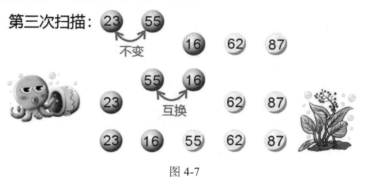

图 4-7

④ 第四次扫描完成后就完成了所有的排序，如图 4-8 所示。

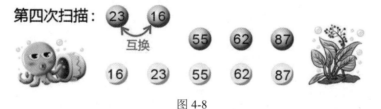

图 4-8

由此可知，5 个元素的冒泡排序法必须执行 5-1 次扫描，第一次扫描需要比较 5-1 次，第二次扫描比较 5-1-1 次，以此类推，共比较 4+3+2+1=10 次。

- 冒泡排序算法分析

n 个元素的冒泡排序法必须执行 n–1 次扫描：

（1）最坏情况和平均情况均需比较$(n–1) + (n–2) + (n–3) +\cdots+ 3 + 2 + 1 = \dfrac{n(n-1)}{2}$次，时间复杂度为 $O(n^2)$。最好情况只需完成一次扫描，发现没有进行数据互换位置的操作则表示已经排序完成，所以只进行了 n-1 次比较，时间复杂度为 $O(n)$。

（2）由于冒泡为相邻两个数据相互比较后决定是否互换位置，并不会改变原来排列的顺序，因此属于稳定排序法。

（3）因为只需一个额外的空间，所以空间复杂度为最佳。

（4）此排序法适用于数据量小或有部分数据已经过排序的情况。

下面的 Java 范例程序使用冒泡排序法对以下的数列排序，并输出逐次排序的过程：

6,5,9,7,2,8;

【范例程序：Bubble.java】

```
01  // 传统冒泡排序法
02
03  public class Bubble extends Object
04  {
05      public static void main(String args[])
06      {
07          int i,j,tmp;
08          int data[]={6,5,9,7,2,8};    //原始数据
09
10          System.out.println("冒泡排序法：");
11          System.out.print("原始数据为：");
12          for(i=0;i<6;i++)
13          {
14              System.out.print(data[i]+" ");
15          }
16          System.out.print("\n");
17
18          for (i=5;i>0;i--)             //扫描次数
19          {
20              for (j=0;j<i;j++)         //比较、交换次数
21              {
22                  // 比较相邻两数，若第一个数较大则交换
23                  if (data[j]>data[j+1])
24                  {
25                      tmp=data[j];
26                      data[j]=data[j+1];
27                      data[j+1]=tmp;
28                  }
29              }
30
31              //把各次扫描后的结果打印输出
32              System.out.print("第"+(6-i)+"次排序后的结果是：");
33              for (j=0;j<6;j++)
34              {
35                  System.out.print(data[j]+" ");
36              }
37              System.out.print("\n");
38          }
39
40          System.out.print("排序后结果为：");
41          for (i=0;i<6;i++)
42          {
43              System.out.print(data[i]+" ");
44          }
45          System.out.print("\n");
46      }
47  }
```

【执行结果】参考图 4-9。

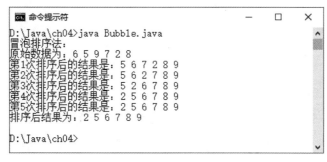

图 4-9

我们知道传统冒泡排序法有一个缺点，就是不管数据是否已排序完成都固定会执行 $n(n-1)/2$ 次。下面的 Java 范例程序使用岗哨的概念改进冒泡排序法，以提高程序执行的效率。

【范例程序：Sentry.java】

```
01    // 改进的冒泡排序法
02
03    public class Sentry extends Object
04    {
05        int data[]=new int[]{4,6,2,7,8,9};   //原始数据
06
07        public static void main(String args[])
08        {
09            System.out.print("改进的冒泡排序法\n 原始数据为：");
10            Sentry test=new Sentry();
11            test.showdata();
12            test.bubble();
13        }
14
15        public void showdata ()        //使用循环打印数据
16        {
17            int i;
18            for (i=0;i<6;i++)
19            {
20                System.out.print(data[i]+" ");
21            }
22            System.out.print("\n");
23        }
24
25        public void bubble ()
26        {
27            int i,j,tmp,flag;
28            for(i=5;i>=0;i--)
29            {
30                flag=0;        //flag 用来判断是否执行交换的操作
31                for (j=0;j<i;j++)
32                {
33                    if (data[j+1]<data[j])
34                    {
35                        tmp=data[j];
36                        data[j]=data[j+1];
37                        data[j+1]=tmp;
```

```
38                        flag++;     //如果执行过交换,则flag不为0
39                    }
40                }
41                if (flag==0)
42                {
43                    break;
44                }
45
46                //执行完一次扫描就判断是否执行过交换操作,如果没有交换过数据,
47                //则表示此时数组已完成排序,因此可以直接跳出循环
48
49                System.out.print("第"+(6-i)+"次排序: ");
50                for (j=0;j<6;j++)
51                {
52                    System.out.print(data[j]+" ");
53                }
54                System.out.print("\n");
55            }
56
57            System.out.print("排序后结果为: ");
58            showdata ();
59        }
60    }
```

【执行结果】参考图 4-10。

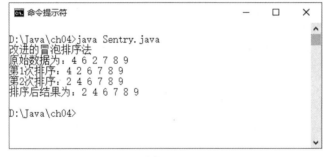

图 4-10

4.3　选择排序法

选择排序法（Selection Sort）也算是枚举法的应用，就是反复从未排序的数列中取出最小的元素，加入到另一个数列中，最后的结果即为已排序的数列。选择排序法可使用两种方式排序，即在所有的数据中，若从大到小排序，则将最大值放入第一个位置；若从小到大排序，则将最大值放入最后一个位置。例如，一开始在所有的数据中挑选一个最小项放在第一个位置（假设是从小到大排序），再从第二项开始挑选一个最小项放在第 2 个位置，以此重复，直到完成排序为止。

下面我们仍然用数列（55, 23, 87, 62, 16）从小到大的排序过程来说明选择排序法的演算流程。原始数据如图 4-11 所示，排序过程如图 4-12~图 4-15 所示。

图 4-11

① 首先找到此数列中的最小值,并与数列中的第一个元素交换,如图 4-12 所示。

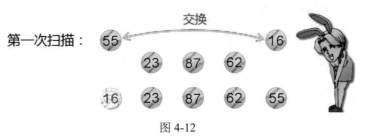

图 4-12

② 从第二个值开始找,找到此数列中(不包含第一个)的最小值,再与第二个值交换,如图 4-13 所示。

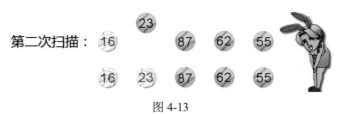

图 4-13

③ 从第三个值开始找,找到此数列中(不包含第一、二个)的最小值,再与第三个值交换,如图 4-14 所示。

图 4-14

④ 从第四个值开始找,找到此数列中(不包含第一、二、三个)的最小值,再与第四个值交换,如图 4-15 所示。

图 4-15

- 选择排序算法分析

（1）无论是最坏情况、最好情况和平均情况都需要找到最大值（或最小值），因此其比较次数为 $(n-1) + (n-2) + (n-3) + \cdots + 3 + 2 + 1 = \dfrac{n(n-1)}{2}$ 次；时间复杂度为 $O(n^2)$。

（2）由于选择排序是以最大或最小值直接与最前方未排序的键值交换，数据排列顺序很有可能被改变，因此它不是稳定排序。

（3）因为只需一个额外的空间，所以空间复杂度为最佳。

（4）比较适用于数据量小或有部分数据已经过排序的情况。

下面的 Java 范例程序使用选择排序法对以下的数列进行排序：

9, 7, 5, 3, 4, 6

【范例程序：Selection.java】

```
01    // 选择排序法
02
03    public class Selection extends Object
04    {
05        int data[]=new int[]{9,7,5,3,4,6};
06
07        public static void main(String args[])
08        {
09            System.out.print("原始数据为：");
10            Selection test=new Selection();
11            test.showdata ();
12            test.select ();
13        }
14
15        void showdata ()
16        {
17            for (int i=0;i<6;i++)
18            {
19                System.out.print(data[i]+" ");
20            }
21            System.out.print("\n");
22        }
23
24        void select ()
25        {
26            int smallest,temp,j,k, index;
27            for(int i=0;i<5;i++)                    //扫描 5 次
28            {
29                smallest=data[i];
30                index=i;
31                for(j=i+1;j<6;j++)                  //由 i+1 比较起，比较 5 次
32                {
33                    if(smallest>data[j])            //比较第 i 个和第 j 个元素
34                    {
35                        smallest=data[j];
36                        index=j;
37                    }
38                }
39                temp=data[index];
40                data[index]=data[i];
```

```
41              data[i]=temp;
42              System.out.print("第"+(i+1)+"次排序结果：");
43              for (k=0;k<6;k++)
44              {
45                  System.out.print(data[k]+" ");    //打印排序结果
46              }
47              System.out.print("\n");
48          }
49          System.out.print("\n");
50      }
51  }
```

【执行结果】参考图 4-16。

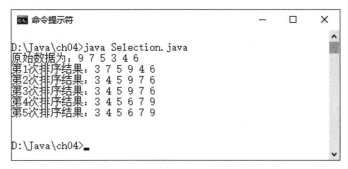

图 4-16

4.4 插入排序法

插入排序法（Insert Sort）是将数组中的元素逐一与已排序好的数据进行比较，先将前两个元素排好，再将第三个元素插入适当的位置，也就是说这三个元素仍然是已排序好的，接着将第四个元素加入，重复此步骤，直到排序完成为止。可以看作是在一串有序的记录 $R_1,R_2,\cdots,R_i$ 中，插入新记录 R，使得 $i+1$ 个记录排序妥当。

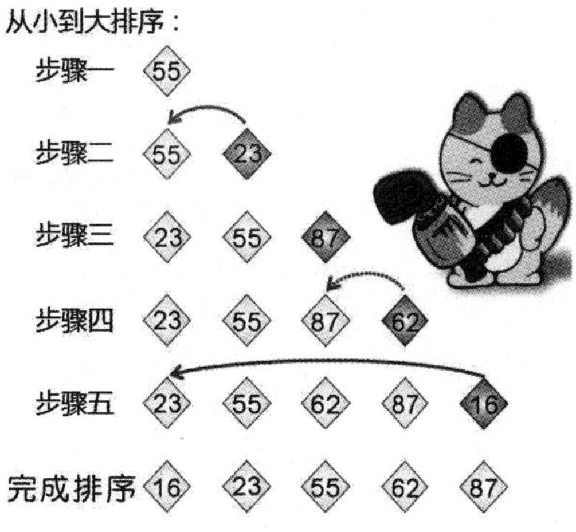

下面我们仍然用数列（55, 23, 87, 62, 16）从小到大的排序过程来说明插入排序法的演算流程。在图 4-17 中，在步骤二以 23 为基准与其他元素比较后，将其放到适当位置（55 的前面），步骤三是将 87 与其他两个元素比较，接着 62 在比较完前三个数后插到 87 的前面，以此类推，将最后一个元素比较完后就完成了排序。

图 4-17

- 插入排序算法分析

（1）最坏情况和平均情况需比较 $(n-1)+(n-2)+(n-3)+\cdots+3+2+1=\dfrac{n(n-1)}{2}$ 次，时间复杂

度为 $O(n^2)$；最好情况时间复杂度为 $O(n)$。

（2）插入排序是稳定排序法。

（3）因为只需一个额外的空间，所以空间复杂度为最佳。

（4）这种排序法适用于大部分数据已经过排序的情况，也适用于往已排序数据库中添加新数据后再进行排序的情况。

（5）由于插入排序法会造成数据的大量搬移，因此建议在链表上使用。

下面的 Java 范例程序要求用户输入 6 个数值，然后使用插入排序法对这 6 个数值进行排序。

【范例程序：Insertion.java】

```
01   // 插入排序法
02
03   import java.io.*;
04
05   public class Insertion extends Object
06   {
07       int data[]=new int[6];
08       int size=6;
09
10       public static void main(String args[])
11       {
12           Insertion test=new Insertion();
13           test.inputarr();
14           System.out.print("您输入的原始数组是：");
15           test.showdata();
16           test.insert();
17       }
18
19       void inputarr()
20       {
21           int i;
22           for (i=0;i<size;i++)        //使用循环输入数组数据
23           {
24               try{
25                   System.out.print("请输入第"+(i+1)+"个元素：");
26                   InputStreamReader isr = new InputStreamReader(System.in);
27                   BufferedReader br = new BufferedReader(isr);
28                   data[i]=Integer.parseInt(br.readLine());
29               }catch(Exception e){}
30           }
31       }
32
33       void showdata()
34       {
35           int i;
36           for (i=0;i<size;i++)
37           {
38               System.out.print(data[i]+" ");   //打印数组数据
39           }
40           System.out.print("\n");
41       }
42
43       void insert()
44       {
```

```
45              int i;        //i 为扫描次数
46              int j;        //以 j 来定位比较的元素
47              int tmp;      //tmp 用来暂存数据
48              for (i=1;i<size;i++)  //扫描循环次数为 size-1
49              {
50                  tmp=data[i];
51                  j=i-1;
52                  while (j>=0 && tmp<data[j])   //如果第二个元素小于第一个元素
53                  {
54                      data[j+1]=data[j]; //就把所有元素往后推一个位置
55                      j--;
56                  }
57                  data[j+1]=tmp;          //最小的元素放到第一个元素
58                  System.out.print("第"+i+"次扫描: ");
59                  showdata();
60              }
61          }
62      }
```

【执行结果】参考图 4-18。

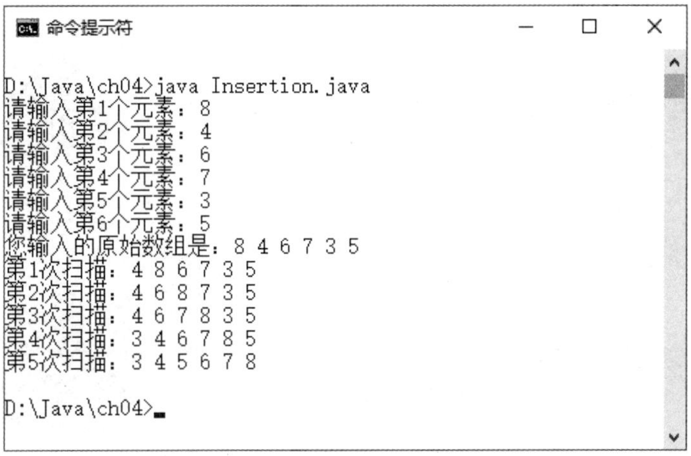

图 4-18

4.5 希尔排序法

我们知道当原始记录的键值大部分已排好序的情况下插入排序法会非常有效率，因为它不需要执行太多的数据搬移操作。"希尔排序法"是 D. L. Shell 在 1959 年 7 月所发明的一种排序法，可以减少插入排序法中数据搬移的次数，以加速排序的进行。排序的原则是将数据区分成特定间隔的几个小区块，以插入排序法排完区块内的数据后再渐渐减少间隔的距离。

下面我们用数列（63, 92, 27, 36, 45, 71, 58, 7）从小到大的排序过程来说明希尔排序法的演算流程（参考图 4-19~图 4-24）。数据排序前的初始顺序如图 4-19 所示。

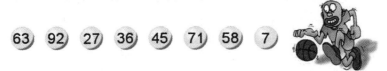

图 4-19

① 首先将所有数据分成 Y（8 div 2）份，即 $Y=4$，称为划分数。注意，划分数不一定是 2，质数最好，但为了方便计算，我们习惯选 2。因此，一开始的间隔设置为 8÷2，如图 4-20 所示。

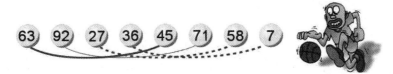

图 4-20

② 如此就可以得到 4 个区块，分别是(63，45)(92，71)(27，58)(36，7)，再分别用插入排序法排序为 (45，63)(71，92)(27，58)(7，36)。在整个队列中，数据的排列如图 4-21 所示。

图 4-21

③ 接着缩小间隔为(8÷2)÷2，如图 4-22 所示。

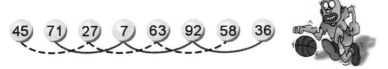

图 4-22

④ 再分别用插入排序法对(45, 27, 63, 58)(71, 7, 92, 36)进行排序，得到如图 4-23 所示的结果。

图 4-23

⑤ 再以((8÷2)÷2)÷2 的间距进行插入排序，即对每一个元素进行排序，得到如图 4-24 所示的结果。

图 4-24

- 希尔排序算法分析

（1）任何情况下时间复杂度均为 $O(n^{3/2})$。
（2）希尔排序和插入排序法一样，都是稳定排序法。
（3）因为只需一个额外的空间，所以空间复杂度为最佳。
（4）这种排序法适用于大部分数据都已排序的情况。

下面的 Java 范例程序要求用户自行输入 8 个数值，然后使用希尔排序法对这 8 个数值进行排序。

【范例程序：Shell.java】

```
01    // 希尔排序法
02
03    import java.io.*;
04
05    public class Shell extends Object
06    {
07        int data[]=new int[8];
08        int size=8;
09
10        public static void main(String args[])
11        {
12            Shell test =  new Shell();
13            test.inputarr();
14            System.out.print("您输入的原始数组是：");
15            test.showdata();
16            test.shell();
17        }
18
19        void inputarr()
20        {
21            int i=0;
22            for (i=0;i<size;i++)
23            {
24                System.out.print("请输入第"+(i+1)+"个元素：");
25                try{
26                    InputStreamReader isr = new InputStreamReader(System.in);
27                    BufferedReader br = new BufferedReader(isr);
28                    data[i]=Integer.parseInt(br.readLine());
29                }catch(Exception e){}
30            }
31        }
32
33        void showdata()
34        {
35            int i=0;
36            for (i=0;i<size;i++)
```

```
37              {
38                  System.out.print(data[i]+" ");
39              }
40              System.out.print("\n");
41      }
42
43      void shell()
44      {
45          int i;          //i 为扫描次数
46          int j;          //以 j 来定位比较的元素
47          int k=1;        //k 打印计数
48          int tmp;        //tmp 用来暂存数据
49          int jmp;        //设置间距位移量
50          jmp=size/2;
51          while (jmp != 0)
52          {
53              for (i=jmp ;i<size ;i++)
54              {
55                  tmp=data[i];
56                  j=i-jmp;
57                  while(j>=0 && tmp<data[j])   //插入排序法
58                  {
59                      data[j+jmp] = data[j];
60                      j=j-jmp;
61                  }
62                  data[jmp+j]=tmp;
63              }
64
65              System.out.print("第"+ (k++) +"次排序: ");
66              showdata();
67              jmp=jmp/2;      //控制循环数
68          }
69      }
70  }
```

【执行结果】参考图 4-25。

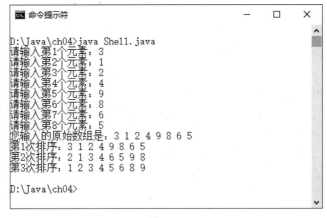

图 4-25

4.6 快速排序法

快速排序（Quick Sort）是由 C. A. R. Hoare 提出来的。快速排序法又称分割交换排序法，是目前公认的最佳排序法，也是使用"分而治之"（Divide and Conquer）的方式，会先在数据中找到一个虚拟的中间值，并按此中间值将所有打算排序的数据分为两部分。其中小于中间值的数据放在左边，而大于中间值的数据放在右边，再以同样的方式分别处理左、右两边的数据，直到排序完为止。操作与分割步骤如下：

假设有 n 项记录 $R_1,R_2,R_3,\cdots,R_n$，其键值为 $K_1,K_2,K_3,\cdots,K_n$。

① 先假设 K 的值为第一个键值。
② 从左向右找出键值 K_i，使得 $K_i>K$。
③ 从右向左找出键值 K_j，使得 $K_j<K$。
④ 如果 $i<j$，那么 K_i 与 K_j 互换，并回到步骤②。
⑤ 如果 $i \geq j$，那么将 K 与 K_j 互换，并以 j 为基准点分割成左、右两部分，然后针对左、右两边执行步骤①~⑤，直到左边键值等于右边键值为止。

下面示范使用快速排序法对数据进行排序的过程，原始数据参考图 4-26。

图 4-26

① 参考图 4-26，$K=35$，$K_i=42>K$，$K_j=23<K$，此时 $i<j$，所以 K_i 与 K_j 互换，结果如图 4-27 所示，然后继续进行比较。

图 4-27

② 参考图 4-27，$K=35$，$K_i=79>K$，$K_j=18<K$，此时 $i<j$，所以 K_i 与 K_j 互换，如图 4-28 所示，然后继续进行比较。

图 4-28

③ 参考图 4-28，$K=35$，$K_i=62>K$，$K_j=12<K$，此时因为 $i \geq j$，所以 K 与 K_j 互换，并以 j 为基准点分割成左、右两部分，结果如图 4-29 所示。

图 4-29

经过上述几个步骤，小于键值 K 的数据就被放在左边了，大于键值 K 的数据就放在右边了。按照上述的排序过程，继续对左、右两部分分别排序，过程如图 4-30 所示。

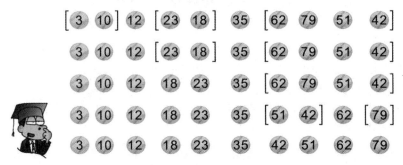

图 4-30

- 快速排序算法分析

（1）在最好情况和平均情况下，时间复杂度为 $O(n\log_2 n)$；在最坏情况（每次挑中的中间值不是最大就是最小）下，其时间复杂度为 $O(n^2)$。

（2）快速排序法不是稳定排序法。

（3）在最坏情况下，空间复杂度为 $O(n)$；在最好情况下，空间复杂度为 $O(\log_2 n)$。

（4）快速排序法是平均运行时间最快的排序法。

下面的 Java 范例程序要求用户输入数列的个数，并生成随机数值，最后使用快速排序法对数列进行排序。

【范例程序：Quick.java】

```
01    // 快速排序法
02
03    import java.io.*;
04    import java.util.*;
05
06    public class Quick extends Object
07    {
08        int process = 0;
09        int size;
10        int data[]=new int[100];
11
12        public static void main(String args[])
13        {
14            Quick test = new Quick();
15
16            System.out.print("请输入数组大小(100 以下): ");
17            try{
18                InputStreamReader isr = new InputStreamReader(System.in);
19                BufferedReader br = new BufferedReader(isr);
20                test.size=Integer.parseInt(br.readLine());
21            }catch(Exception e){}
22
23            test.inputarr ();
24            System.out.print("原始数据是: ");
25            test.showdata ();
26
```

```
27              test.quick(test.data,test.size,0,test.size-1);
28              System.out.print("\n 排序结果：");
29              test.showdata();
30          }
31
32      void inputarr()
33      {
34          //以随机数输入
35          Random rand=new Random();
36          int i;
37          for (i=0;i<size;i++)
38              data[i]=(Math.abs(rand.nextInt(99)))+1;
39      }
40
41      void showdata()
42      {
43          int i;
44          for (i=0;i<size;i++)
45              System.out.print(data[i]+" ");
46          System.out.print("\n");
47      }
48
49      void quick(int d[],int size,int lf,int rg)
50      {
51          int i,j,tmp;
52          int lf_idx;
53          int rg_idx;
54          int t;
55          //1:第一笔键值为 d[lf]
56          if(lf<rg)
57          {
58              lf_idx=lf+1;
59              rg_idx=rg;
60
61              //排序
62              while(true)
63              {
64                  System.out.print("[处理过程"+(process++)+"]=> ");
65                  for(t=0;t<size;t++)
66                      System.out.print("["+d[t]+"] ");
67
68                  System.out.print("\n");
69
70                  for(i=lf+1;i<=rg;i++)   //2:从左到右找出一个键值大于 d[lf]者
71                  {
72                      if(d[i]>=d[lf])
73                      {
74                          lf_idx=i;
75                          break;
76                      }
77                      lf_idx++;
78                  }
79
80                  for(j=rg;j>=lf+1;j--)   //3:从右到左找出一个键值小于 d[lf]者
81                  {
82                      if(d[j]<=d[lf])
83                      {
84                          rg_idx=j;
```

```
85                    break;
86                }
87                rg_idx--;
88            }
89
90            if(lf_idx<rg_idx)        //4-1：若lf_idx<rg_idx
91            {
92                tmp = d[lf_idx];
93                d[lf_idx] = d[rg_idx];   //则d[lf_idx]和d[rg_idx]互换
94                d[rg_idx] = tmp;         //然后继续排序
95            }else{
96                break;                   //4-2：否则跳出排序过程
97            }
98        }
99
100       //整理
101       if(lf_idx>=rg_idx)        //5-1：若lf_idx 大于等于rg_idx
102       {                          //则将d[lf]和d[rg_idx]互换
103           tmp = d[lf];
104           d[lf] = d[rg_idx];
105           d[rg_idx] = tmp;
106           //5-2：以rg_idx为基准点分成左、右两半
107           quick(d,size,lf,rg_idx-1);  //以递归方式分别为左、右两半进行排序
108           quick(d,size,rg_idx+1,rg);  //直至完成排序
109       }
110    }
111  }
112 }
```

【执行结果】参考图4-31。

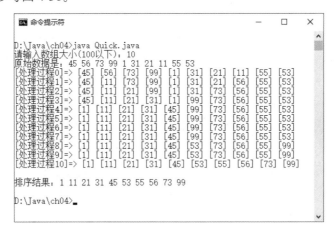

图4-31

4.7　合并排序法

合并排序法（Merge Sort）是针对已排序好的两个或两个以上的数列（或数据文件），通过合并的方式将其组合成一个大的且已排好序的数列（或数据文件），步骤如下：

① 将 N 个长度为 1 的键值成对地合并成 N/2 个长度为 2 的键值组。
② 将 N/2 个长度为 2 的键值组成对地合并成 N/4 个长度为 4 的键值组。
③ 将键值组不断地合并，直到合并成一组长度为 N 的键值组为止。

下面我们用数列（38, 16, 41, 72, 52, 98, 63, 25）从小到大的排序过程来说明合并排序法的基本演算流程，如图 4-32 所示。

图 4-32

上面展示的是一种比较简单的合并排序，又称为 2 路（2-way）合并排序，主要是把原来的数列视作 N 个已排好序且长度为 1 的数列，再将这些长度为 1 的数列两两合并，结合成 N/2 个已排好序且长度为 2 的数列；同样的做法，再按序两两合并，合并成 N/4 个已排好序且长度为 4 的数列，以此类推，最后合并成一个已排好序且长度为 N 的数列。

现在将排序步骤整理如下：

① 将 N 个长度为 1 的数列合并成 N/2 个已排序妥当且长度为 2 的数列。
② 将 N/2 个长度为 2 的数列合并成 N/4 个已排序妥当且长度为 4 的数列。
③ 将 N/4 个长度为 4 的数列合并成 N/8 个已排序妥当且长度为 8 的数列。
④ 将 $N/2^{i-1}$ 个长度为 2^{i-1} 的数列合并成 $N/2^i$ 个已排序妥当且长度为 2^i 的数列。

- 合并排序算法分析

（1）合并排序法 n 个数据一般需要 $\log_2 n$ 次处理，每次处理的时间复杂度为 $O(n)$，所以合并排序法的最好情况、最坏情况及平均情况的时间复杂度为 $O(n\log_2 n)$。

（2）由于在排序过程中需要一个与数据文件大小同样的额外空间，因此空间复杂度为 $O(n)$。

（3）合并排序法是稳定排序法。

4.8 基数排序法

基数排序法与我们之前所讨论的排序法不太一样，并不需要进行元素之间的比较操作，而是属于一种分配模式排序方式。

基数排序法按比较的方向可分为最高位优先（Most Significant Digit First，MSD）和最低位优先（Least Significant Digit First，LSD）两种。MSD 是从最左边的位数开始比较的，LSD 是从最右边的位数开始比较的。直接看下面最低位优先（LSD）的例子，便可清楚地知道其工作原理。

在下面的范例中，我们以 LSD 将三位数的整数数据加以排序（按个位数、十位数、百位数来进行排序）。原始数据如下：

| 59 | 95 | 7 | 34 | 60 | 168 | 171 | 259 | 372 | 45 | 88 | 133 |

① 把每个整数按个位数字放到列表中。

个位数字	0	1	2	3	4	5	6	7	8	9
数据	60	171	372	133	34	95 45		7	168 88	59 259

合并后成为：

| 60 | 171 | 372 | 133 | 34 | 95 | 45 | 7 | 168 | 88 | 59 | 259 |

② 把每个整数按十位数字放到列表中。

十位数字	0	1	2	3	4	5	6	7	8	9
数据	7			133 34	45	59 259	60 168	171 372	88	95

合并后成为：

| 7 | 133 | 34 | 45 | 59 | 259 | 60 | 168 | 171 | 372 | 88 | 95 |

③ 把每个整数按百位数字放到列表中。

百位数字	0	1	2	3	4	5	6	7	8	9
数据	7 34 45 59 60 88 95	133 168 171	259	372						

最后合并，即完成排序。

| 7 | 34 | 45 | 59 | 60 | 88 | 95 | 133 | 168 | 171 | 259 | 372 |

- 基数排序算法分析

（1）在所有情况下，时间复杂度均为 $O(n\log_p^k)$，k 是原始数据的最大值。

（2）基数排序法是稳定排序法。

（3）基数排序法要使用很大的额外空间来存放列表数据，空间复杂度为 $O(np)$，n 是原始数据的个数，p 是数据字符数。在上例中，数据的个数 $n=12$，字符数 $p=3$。

（4）若 n 很大、p 固定或很小，则此排序法的效率很高。

下面的 Java 范例程序让用户输入数值数组元素的个数及该数组各个元素的值，而后使用基数排序法对这组数列进行排序。

【范例程序：Radix.java】

```java
01    // 基数排序法从小到大排序
02
03    import java.io.*;
04    import java.util.*;
05
06    public class Radix extends Object
07    {
08        int size;
09        int data[]=new int[100];
10
11        public static void main(String args[])
12        {
13            Radix test = new Radix();
14
15            System.out.print("请输入数组大小(100 以下): ");
16            try{
17                InputStreamReader isr = new InputStreamReader(System.in);
18                BufferedReader br = new BufferedReader(isr);
19                test.size=Integer.parseInt(br.readLine());
20            }catch(Exception e){}
21
22            test.inputarr ();
23            System.out.print("您输入的原始数据是:\n");
24            test.showdata ();
25
26            test.radix ();
27        }
28
29        void inputarr()
30        {
31            Random rand=new Random();
32            int i;
33            for (i=0;i<size;i++)
34                data[i]=(Math.abs(rand.nextInt(999)))+1;  //设置data值最大为3位数
35        }
36
37        void showdata()
38        {
39            int i;
40            for (i=0;i<size;i++)
41                System.out.print(data[i]+" ");
42            System.out.print("\n");
43        }
44
45        void radix()
46        {
47            int i,j,k,n,m;
48            for (n=1;n<=100;n=n*10)     //n为基数,从个位数开始排序
49            {
50                //设置暂存数组,[0~9 位数][数据个数],所有内容均为0
51                int tmp[][]=new int[10][100];
52                for (i=0;i<size;i++)     //对比所有数据
53                {
54                    m=(data[i]/n)%10;    //m为n位数的值,如36取十位数(36/10)%10=3
55                    tmp[m][i]=data[i];   //把data[i]的值暂存于tmp中
56                }
```

```
57                k=0;
58                for (i=0;i<10;i++)
59                {
60                    for(j=0;j<size;j++)
61                    {
62                        if(tmp[i][j] != 0)
63                        {   //因一开始设置 tmp={0}，故不为 0 者即为 data 暂存在 tmp 中的值，
64                            //把 tmp 中的值放回 data[ ]中
65                            data[k]=tmp[i][j];
66                            k++;
67                        }
68                    }
69                }
70                System.out.print("经过"+n+"位数排序后: ");
71                showdata();
72            }
73        }
74    }
```

【执行结果】参考图 4-33。

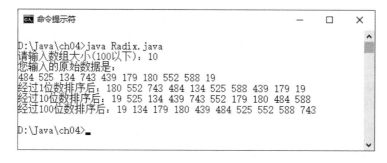

图 4-33

4.9 堆积树排序法

堆积树排序法是选择排序法的改进版，可以减少在选择排序法中的比较次数，进而减少排序时间。堆积排序法用到了二叉树的技巧，是利用堆积树来完成排序的。堆积树是一种特殊的二叉树，可分为最大堆积树和最小堆积树两种。

最大堆积树满足以下 3 个条件：

① 它是一棵完全二叉树。
② 所有节点的值都大于或等于它左、右子节点的值。
③ 树根是堆积树中最大的。

最小堆积树具备以下 3 个条件：

① 它是一棵完全二叉树。
② 所有节点的值都小于或等于它左、右子节点的值。
③ 树根是堆积树中最小的。

在开始讨论堆积排序法之前，大家必须先了解如何将二叉树转换成堆积树（Heap Tree）。下面以实例来进行说明，用二叉树表示数列（32, 17, 16, 24, 35, 87, 65, 4, 12），如图 4-34 所示。

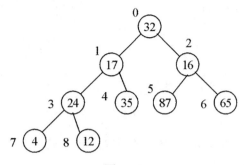

图 4-34

如果将该二叉树转换成堆积树（Heap Tree），可以用数组来存储二叉树所有节点的值，即 $A[0]=32$、$A[1]=17$、$A[2]=16$、$A[3]=24$、$A[4]=35$、$A[5]=87$、$A[6]=65$、$A[7]=4$、$A[8]=12$。

① $A[0]=32$ 为树根，若 $A[1]$ 大于父节点，则必须互换。此处因 $A[1]=17 < A[0]=32$，故不交换。

② 因 $A[2]=16 < A[0]$，故不交换，如图 4-35 所示。

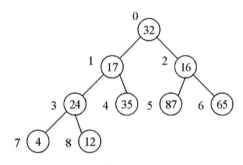

图 4-35

③ 参照图 4-35，因 $A[3]=24 > A[1]=17$，故交换，结果如图 4-36 所示。

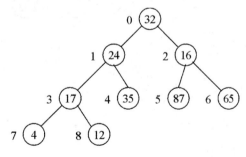

图 4-36

④ 参照图 4-36，因 $A[4]=35 > A[1]=24$，故交换；再与 $A[0]=32$ 比较，因 $A[1]=35 > A[0]=32$，故交换，结果如图 4-37 所示。

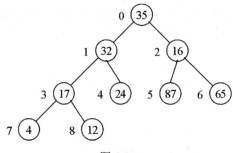

图 4-37

⑤ 参照图 4-37，因 $A[5]=87 > A[2]=16$，故交换；再与 $A[0]=35$ 比较，因 $A[2]=87 > A[0]=35$，故交换，结果如图 4-38 所示。

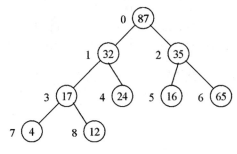

图 4-38

⑥ 参照图 4-38，因 $A[6]=65 > A[2]=35$，故交换；因 $A[2]=65 < A[0]=87$，故不必换，结果如图 4-39 所示。

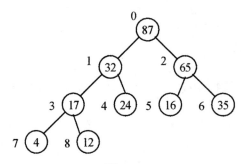

图 4-39

⑦ 因 $A[7]=4<A[3]=17$，故不必换。
⑧ 因 $A[8]=12<A[3]=17$，故不必换。

可得到如图 4-40 所示的堆积树。

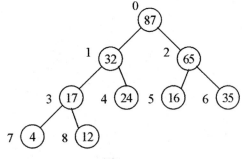

图 4-40

刚才示范从二叉树的树根开始从上往下逐一按堆积树的建立原则来改变各节点值,最终得到一棵最大堆积树。大家可能已经发现,堆积树并非唯一的,例如可以从数组最后一个元素(例如此例中的 A[8])从下往上逐一比较来建立最大堆积树。如果想从小到大排序,就必须建立最小堆积树,方法和建立最大堆积树类似,在此不另外说明。

下面我们利用堆积排序法对数列(34, 19, 40, 14, 57, 17, 4, 43)进行排序。

① 按图 4-41 中的数字顺序建立完全二叉树。

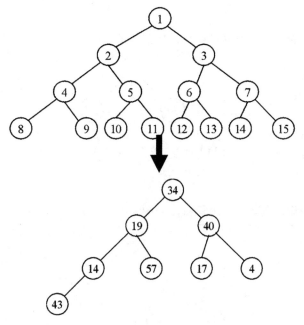

图 4-41

② 建立堆积树,如图 4-42 所示。

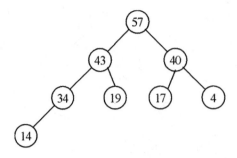

图 4-42

③ 将 57 从树根删除，重新建立堆积树，如图 4-43 所示。

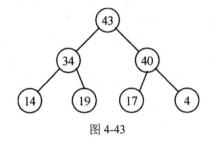

图 4-43

④ 将 43 从树根删除，重新建立堆积树，如图 4-44 所示。

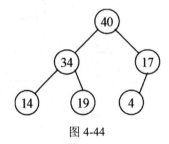

图 4-44

⑤ 将 40 从树根删除，重新建立堆积树，如图 4-45 所示。

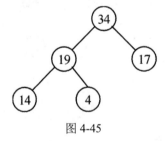

图 4-45

⑥ 将 34 从树根删除，重新建立堆积树，如图 4-46 所示。

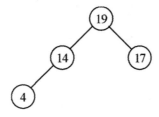

图 4-46

⑦ 将 19 从树根删除,重新建立堆积树,如图 4-47 所示。

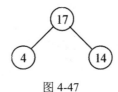

图 4-47

⑧ 将 17 从树根删除,重新建立堆积树,如图 4-48 所示。

图 4-48

⑨ 将 14 从树根删除,重新建立堆积树,如图 4-49 所示。

图 4-49

⑩ 将 4 从树根删除,得到的排序结果为 57、43、40、34、19、17、14、4。

- 堆积树排序法分析

(1) 在所有情况下,时间复杂度均为 $O(n\log_2 n)$。
(2) 堆积排序法不是稳定排序法。
(3) 只需要一个额外的空间,空间复杂度为 $O(1)$。

下面的 Java 范例程序使用堆积树排序法对一个数列进行排序。

【范例程序:Heap.java】

```
01    // 堆积树排序法
02
03    import java.io.*;
04    public class Heap
05    {
06        public static void main(String args[]) throws IOException
07        {
08            int i,size,data[]={0,5,6,4,8,3,2,7,1}; //原始数组内容
09            size=9;
```

```java
10          System.out.print("原始数组: ");
11          for(i=1;i<size;i++)
12              System.out.print("["+data[i]+"] ");
13          Heap.heap(data,size);                   //建立堆积树
14          System.out.print("\n排序结果: ");
15          for(i=1;i<size;i++)
16              System.out.print("["+data[i]+"] ");
17          System.out.print("\n");
18      }
19
20      public static void heap(int data[] ,int size)
21      {
22          int i,j,tmp;
23          for(i=(size/2);i>0;i--)                 //建立堆积树节点
24              Heap.ad_heap(data,i,size-1);
25          System.out.print("\n堆积内容: ");
26          for(i=1;i<size;i++)                     //原始堆积树内容
27              System.out.print("["+data[i]+"] ");
28          System.out.print("\n");
29          for(i=size-2;i>0;i--)                   //堆积排序
30          {
31              tmp=data[i+1];                      //头尾节点交换
32              data[i+1]=data[1];
33              data[1]=tmp;
34              Heap.ad_heap(data,1,i);             //处理剩余节点
35              System.out.print("\n 处理过程: ");
36              for(j=1;j<size;j++)
37                  System.out.print("["+data[j]+"] ");
38          }
39      }
40
41      public static void ad_heap(int data[],int i,int size)
42      {
43          int j,tmp,post;
44          j=2*i;
45          tmp=data[i];
46          post=0;
47          while(j<=size && post==0)
48          {
49              if(j<size)
50              {
51                  if(data[j]<data[j+1])           //找出最大节点
52                      j++;
53              }
54              if(tmp>=data[j])                    //若树根较大,结束比较过程
55                  post=1;
56              else
57              {
58                  data[j/2]=data[j];              //若树根较小,则继续比较
59                  j=2*j;
60              }
61          }
62          data[j/2]=tmp;                          //指定树根为父节点
63      }
64  }
```

【执行结果】参考图 4-50。

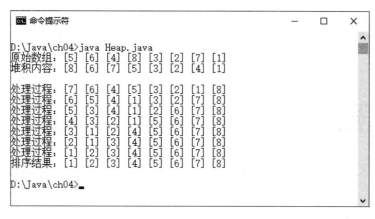

图 4-50

课后习题

1. 排序的数据是以数组数据结构来存储的。在下列排序法中，哪一个的数据搬移量最大？
   （A）冒泡排序法　　　　（B）选择排序法　　　　（C）插入排序法
2. 举例说明合并排序法是否为稳定排序。
3. 待排序的键值为 26、5、37、1、61，试使用选择排序法列出每个回合排序的结果。
4. 在排序过程中，数据移动可分为哪两种方式？试说明两者之间的优劣。
5. 简述基数排序法的主要特点。
6. 下列叙述正确与否？试说明原因。
   （1）无论输入数据为何，插入排序的元素比较总次数都会比冒泡排序的元素比较总次数少。
   （2）若输入数据已排序完成，在利用堆积树排序时，则只需 $O(n)$ 时间即可完成排序。其中，n 为元素个数。
7. 排序按照执行时所使用的内存可分为哪两种方式？
8. 什么是稳定排序？试着举出 3 种稳定排序。

第 5 章

查找算法

在数据处理过程中,能否在最短的时间内查找到所需要的数据是值得信息从业人员关心的一个问题。所谓查找(Search,或称为搜索),是指从数据文件中找出满足某些条件的记录,就像我们要从文件柜中找到所需的文件一样(见图 5-1)。用来查找的条件称为"键"(Key,或称为键值),就如同排序所用的键值一样。注意,在数据结构中描述算法时惯用"查找",而在因特网上找信息或资料时习惯用"搜索"。在本书中,"查找"和"搜索"可以互换,意思相同。

图 5-1

我们在电话簿中找某人的电话,这个人的姓名就是在电话簿中查找电话号码的键值。我们经常使用的搜索引擎所设计的 Spider 程序(网页抓取程序爬虫)会主动经由网站上的超链接"爬行"到另一个网站,收集每个网站上的信息,并收录到数据库中,就必须依赖不同的查找算法来进行。

5.1 常见的查找算法

根据数据量的大小,可将查找分为以下两种:

（1）内部查找：数据量较小的文件，可以一次性全部加载到内存中进行查找。

（2）外部查找：数据量大的文件，无法一次加载到内存中处理，需要使用辅助存储器来分次处理。

计算机查找数据的优点是快速，但是当数据量很庞大时，如何在最短时间内有效地找到所需数据则是一个相当重要的课题。影响查找时间长短的主要因素有算法、数据存储的方式及结构。查找和排序法一样，如果是以查找过程中被查找的表格或数据是否变动来分类，那么可以分为静态查找（Static Search）和动态查找（Dynamic Search）。静态查找是指数据在查找过程中不会有添加、删除或更新等操作。例如，符号表查找就属于一种静态查找。动态查找是指所查找的数据在查找过程中会经常性地添加、删除或更新。例如，在网络上查找数据就是一种动态查找，如图 5-2 所示。

图 5-2

查找的操作和算法有关，具体进行的方式和所选择的数据结构有很大的关联。下面就以几种常见的查找算法来说明这些关联。

查找技巧中比较常见的方法有顺序查找法、二分查找法、斐波那契查找法、插值查找法等。为了让大家能掌握各种查找的技巧和基本原理，以便日后应用于各种领域，现将几个主要的查找方法分述于下。

5.2 顺序查找法

顺序查找法又称线性查找法，是一种比较简单的查找法。它是将数据一项一项地按顺序逐个查找，所以不管数据顺序如何，都得从头到尾遍历一次。该方法的优点是文件在查找前不需要进行任何处理与排序；缺点是查找速度比较慢。如果数据没有重复，找到数据即可中止查找，那么在最差情况下是未找到数据，需要进行 n 次比较，最好情况下则是一次就找到数据，只需要 1 次比较。

以一个例子来说明，假设已有数列（74, 53, 61, 28, 99, 46, 88），若要查找 28，则需要比较 4 次；若要查找 74，则仅需要比较 1 次；若要查找 88，则需要查找 7 次。这表示当查找的数列长度 n 很大时，利用顺序查找法是不太合适的。它是一种适用于小数据文件的查找方法。在日常生活中，我们经常会使用到这种查找方法。例如，我们想在衣柜中找衣服时，通常会从柜子最上方的抽屉逐层寻找，如图 5-3 所示。

图 5-3

- 顺序查找法分析

（1）时间复杂度：如果数据没有重复且找到数据即可中止查找，那么在最差情况下就是未找到数据，进行了 n 次比较，因而时间复杂度为 $O(n)$。

（2）在平均情况下，假设数据出现的概率相等，则需进行 $(n+1)/2$ 次比较。

（3）当数据量很大时，不适合使用顺序查找法。如果预估所查找的数据在文件前面的部分，则可以减少查找的时间。

下面的 Java 范例程序随机生成 1~150 之间的 80 个整数，然后使用顺序查找法查找指定的数据。

【范例程序：Seq.java】

```
01    // 顺序查找法
02
03    import java.io.*;
04    public class Seq
05    {
06        public static void main(String args[]) throws IOException
07        {
08            String strM;
09            BufferedReader keyin=new BufferedReader(new InputStreamReader(System.in));
10            int data[] =new int[100];
11            int i,j,find,val=0;
12            for (i=0;i<80;i++)
13                data[i]=(((int)(Math.random()*150))%150+1);
14            while (val!=-1)
15            {
16                find=0;
17                System.out.print("请输入要查找的键值(1~150)，输入-1 则退出程序：");
18                strM=keyin.readLine();
19                val=Integer.parseInt(strM);
20                for (i=0;i<80;i++)
21                {
22                    if(data[i]==val)
23                    {
24                        System.out.print("在第"+(i+1)+"个位置找到键值["+data[i]+"]\n");
25                        find++;
```

```
26                  }
27              }
28              if(find==0 && val !=-1)
29                  System.out.print("######没有找到 ["+val+"]######\n");
30          }
31          System.out.print("数据内容：\n");
32          for(i=0;i<10;i++)
33          {
34              for(j=0;j<8;j++)
35                  System.out.print(i*8+j+1+"["+data[i*8+j]+"]  ");
36              System.out.print("\n");
37          }
38      }
39  }
```

【执行结果】参考图 5-4。

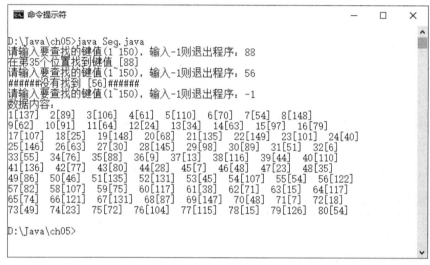

图 5-4

5.3 二分查找法

　　如果要查找的数据已经事先排好序了，就可以使用二分查找法来进行查找。二分查找法是将数据分割成两等份，再比较键值与中间值的大小。如果键值小于中间值，就可确定要查找的数据在前半部分，否则在后半部分，如此分割数次直到找到或确定不存在为止。例如，已排序好的数列为（2, 3, 5, 8, 9, 11, 12, 16, 18），所要查找值为 11。

　　① 首先与中间值（第 5 个数值）9 比较，如图 5-5 所示。

图 5-5

② 因为 11＞9，所以与后半部的中间值 12 比较，如图 5-6 所示。

图 5-6

③ 因为 11＜12，所以与前半部的中间值 11 比较，如图 5-7 所示。

图 5-7

④ 因为 11=11，所以查找完成。如果不相等，则说明找不到。

- 二分查找法分析

（1）时间复杂度：因为每次的查找都会比上一次少一半的范围，最多只需要比较 $\lceil \log_2 n \rceil + 1$ 或 $\lceil \log_2 (n+1) \rceil$，时间复杂度为 $O(\log_2 n)$。

（2）二分查找法必须事先经过排序，且数据都要加载到内存中方能进行查找。

（3）二分查找法适合用于不需增删的静态数据。

下面的 Java 范例程序随机生成 1~150 之间的 50 个整数，再通过二分查找法查找指定的数据。

【范例程序：Bin.java】

```
01     // 二分查找法
02
03     import java.io.*;
04     public class Bin
05     {
06         public static void main(String args[]) throws IOException
07         {
08             int i,j,val=1,num;
09             int data[] =new int[50];
10             String strM;
11             BufferedReader keyin=new BufferedReader(new InputStreamReader(System.in));
12             for (i=0;i<50;i++)
13             {
14                 data[i]=val;
15                 val+=((int)(Math.random()*100)%5+1);
16             }
17             while (true)
18             {
19                 num=0;
20                 System.out.print("请输入查找键值(1-150)，输入-1 结束：");
21                 strM=keyin.readLine();
22                 val=Integer.parseInt(strM);
23                 if(val==-1)
24                     break;
25                 num=bin_search(data,val);
26                 if(num==-1)
```

```
27                 System.out.print("##### 没有找到["+val+"] #####\n");
28             else
29                 System.out.print("在第 "+(num+1)+"个位置找到
   ["+data[num]+"]\n");
30         }
31         System.out.print("数据内容：\n");
32         for(i=0;i<5;i++)
33         {
34             for(j=0;j<10;j++)
35             System.out.print((i*10+j+1)+"-"+data[i*10+j]+" ");
36             System.out.print("\n");
37         }
38         System.out.print("\n");
39     }
40
41     public static int bin_search(int data[],int val)
42     {
43         int low,mid,high;
44         low=0;
45         high=49;
46         System.out.print("正在查找......\n");
47         while(low <= high && val !=-1)
48         {
49             mid=(low+high)/2;
50             if(val<data[mid])
51             {
52                 System.out.print(val+" 介于位置 "+(low+1)+"["+data[low]+"]及
   中间值 "+(mid+1)+"["+data[mid]+"]，找左半边\n");
53                 high=mid-1;
54             }
55             else if(val>data[mid])
56             {
57                 System.out.print(val+" 介于中间值位置 "+(mid+1)+"["+data[mid]
   +"]及 "+(high+1)+"["+data[high]+"]，找右半边\n");
58                 low=mid+1;
59             }
60             else
61                 return mid;
62         }
63         return -1;
64     }
65 }
```

【执行结果】参考图5-8。

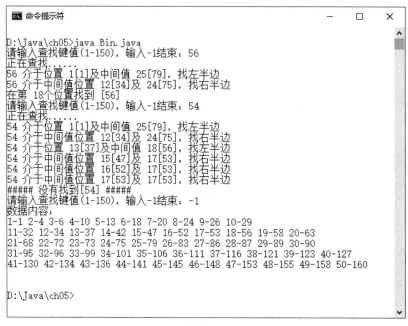

图 5-8

5.4 插值查找法

插值查找法（Interpolation Search）又称为插补查找法，是二分查找法的改进版，按照数据位置的分布，利用公式预测数据所在的位置，再以二分法的方式渐渐逼近。使用插值查找法时，假设数据平均分布在数组中，而每一项数据的差距相当接近或有一定的距离比例。插值查找法的公式为：

$$mid = low + ((key - data[low]) / (data[high] - data[low])) * (high - low)$$

其中，key是要查找的键值，data[high]、data[low]是剩余待查找记录中的最大值和最小值。假设数据项数为 n，其插值查找法的步骤如下：

① 将记录从小到大的顺序给予1、2、3、…、n的编号。

② 令low=1，high=n。

③ 当low<high时，重复执行步骤④和步骤⑤。

④ 令 mid = low + ((key − data[low]) / (data[high] − data[low])) * (high − low)。

⑤ 若key<key$_{mid}$且high≠mid−1，则令high=mid−1。

⑥ 若key＝key$_{mid}$，则表示成功查找到键值的位置。

⑦ 若key>key$_{mid}$且low≠mid+1，则令low=mid+1。

● 插值查找法分析

（1）一般而言，插值查找法优于顺序查找法，数据的分布越平均，查找速度越快，甚至可能第一次就找到数据。插值查找法的时间复杂度取决于数据分布的情况，平均而言优于 $O(\log_2 n)$。

（2）使用插值查找法的数据需先经过排序。

下面的 Java 范例程序随机生成 1~159 之间的 50 个整数，再使用插值查找法查找指定的数据。

【范例程序：Inter.java】

```
01    // 插值查找法
02
03    import java.io.*;
04    public class Inter
05    {
06        public static void main(String args[]) throws IOException
07        {
08            int i,j,val=1,num;
09            int data[]=new int[50];
10            String strM;
11            BufferedReader keyin=new BufferedReader(new InputStreamReader(System.in));
12            for (i=0;i<50;i++)
13            {
14                data[i]=val;
15                val+=((int)(Math.random()*100)%5+1);
16            }
17            while(true)
18            {
19                num=0;
20                System.out.print("请输入查找键值(1-"+data[49]+")，输入-1 结束：");
21                strM=keyin.readLine();
22                val=Integer.parseInt(strM);
23                if(val==-1)
24                    break;
25                num=interpolation(data,val);
26                if(num==-1)
27                    System.out.print("##### 没有找到["+val+"] #####\n");
28                else
29                    System.out.print("在第 "+(num+1)+"个位置找到 ["+data[num]+"]\n");
30            }
31            System.out.print("数据内容：\n");
32            for(i=0;i<5;i++)
33            {
34                for(j=0;j<10;j++)
35                    System.out.print((i*10+j+1)+"-"+data[i*10+j]+" ");
36                System.out.print("\n");
37            }
38        }
39
40        public static int interpolation(int data[],int val)
41        {
42            int low,mid,high;
43            low=0;
44            high=49;
45            int tmp;
46            System.out.print("正在查找......\n");
47            while(low<= high && val !=-1 )
48            {
49
```

```
             tmp=(int)((float)(val-data[low])*(high-low)/(data[high]-data[low]));
50             mid=low+tmp;                        //插值查找法公式
51             if (mid>50 || mid<-1)
52                 return -1;
53             if (val<data[low] && val<data[high])
54                 return -1;
55             else if (val>data[low] && val>data[high])
56                 return-1;
57             if (val==data[mid])
58                 return mid;
59             else if (val < data[mid])
60             {
61                 System.out.print(val+" 介于位置 "+(low+1)+"["+data[low]+"] 及
       中间值 "+(mid+1)+"["+data[mid]+"]，找左半边\n");
62                 high=mid-1;
63             }
64             else if(val > data[mid])
65             {
66                 System.out.print(val+" 介于中间值位置 "+(mid+1)+"["+data[mid]
       +"]及 "+(high+1)+"["+data[high]+"]，找右半边\n");
67                 low=mid+1;
68             }
69         }
70         return -1;
71     }
72 }
```

【执行结果】参考图 5-9。

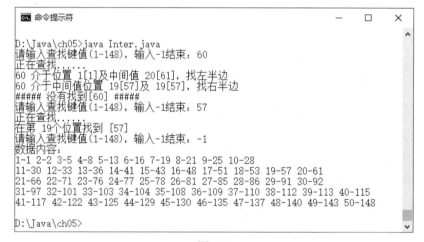

图 5-9

5.5 斐波那契查找法

斐波那契查找法（Fibonacci Search）又称为斐氏查找法，和二分法一样都是以分割范围来进行查找的，不同的是斐波那契查找法不是按对半方式来分割的，而是以斐波那契级数的方式来分割的。

斐波那契级数 $F(n)$ 的定义如下：

$$F_0 = 0, \quad F_1 = 1$$
$$F_i = F_{i-1} + F_{i-2}, \quad i \geq 2$$

斐波那契级数为 0、1、1、2、3、5、8、13、21、34、55、89……。也就是除了第 0 个和第 1 个元素外，级数中的每个元素值都是前两个元素值的和。

斐波那契查找法的好处是只用到加减运算而不需要用到乘除运算，这从计算机运算的过程来看效率会高于前两种查找法。在尚未介绍斐波那契查找法之前，我们先来认识斐波那契查找树。所谓斐波那契查找树，是以斐波那契级数的特性来建立的二叉树，其建立的原则如下：

（1）斐波那契树的左、右子树均为斐波那契树。

（2）当数据个数 n 确定时，若想确定斐波那契树的层数 k 值是多少，则必须找到一个最小的 k 值，使得斐波那契层数的 Fib(k+1)$\geq n$+1。

（3）斐波那契树的树根一定是一个斐波那契数，且子节点与父节点差值的绝对值为斐波那契数。

（4）当 $k \geq 2$ 时，斐波那契树的树根为 Fib(k)，左子树为 k-1 层斐波那契树（其树根为 Fib(k-1)），右子树为 k-2 层斐波那契树（其树根为 Fib(k)+Fib(k-2)）。

（5）若 n+1 值不是斐波那契树的值，则可以找出一个 m，使得 Fib(k+1)-m=n+1，即 m=Fib(k+1)-(n+1)，再按斐波那契树的建立原则完成斐波那契树的建立，最后斐波那契树的各节点再减去差值 m，并把小于 1 的节点去掉。

斐波那契树建立过程的示意图如图 5-10 所示。

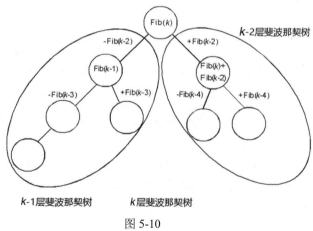

图 5-10

也就是说，当数据个数为 n 且能找到一个最小的斐波那契数 Fib(k+1) 使得 Fib(k+1)>n+1 时，Fib(k) 就是这棵斐波那契树的树根，而 Fib(k-2) 则是与左右子树开始的差值，左子树用减的，右子树用加的。

例如，求取 n=33 的斐波那契树。我们知道斐波那契数列有 3 个特性：

Fib(0)=0
Fib(1)=1

$$Fib(k)=Fib(k-1)+Fib(k-2)$$

由于 $n = 33$，且 $n+1 = 34$ 为一棵斐波那契树，因此可以得知 Fib(0) = 0、Fib(1) = 1、Fib(2) = 1、Fib(3) = 2、Fib(4) = 3、Fib(5) = 5、Fib(6) = 8、Fib(7) = 13、Fib(8) = 21、Fib(9) = 34。

从上面可得知，Fib(k+1) = 34 → k = 8，所以建立二叉树的树根为 Fib(8) = 21，左子树的树根为 Fib(8−1) = Fib(7) = 13。右子树的树根为 Fib(8) + Fib(8−2) = 21 + 8 = 29。

按此原则，我们可以建立如图 5-11 所示的斐波那契树。

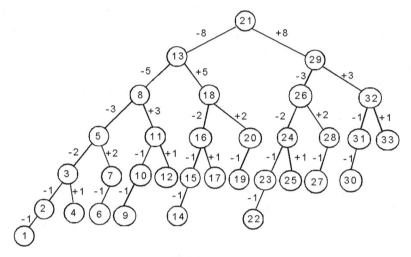

图 5-11

斐波那契查找法是以斐波那契树来查找数据的，如果数据的个数为 n，且 n 比某一个斐波那契数小，满足如下表达式：

$$Fib(k+1) \geq n+1$$

那么此时 Fib(k)就是这棵斐波那契树的树根，而 Fib(k−2)是与左右子树开始的差值。若我们要查找的键值为 key，则首先比较 Fib(k)和键值 key，此时有下列 3 种情况：

（1）当 key 值比较小时，表示所查找的键值 key 落在 1 到 Fib(k)−1 之间，故继续查找 1 到 Fib(k)−1 之间的数据。

（2）如果键值与 Fib(k)的值相等，就表示成功查找到所需要的数据。

（3）当 key 值比较大时，表示所找的键值 key 落在 Fib(k) + 1 到 Fib(k+1)−1 之间，故继续查找 Fib(k) + 1 到 Fib(k+1)−1 之间的数据。

- 斐波那契查找法分析

（1）平均而言，斐波那契查找法的比较次数会少于二分查找法，但在最坏的情况下二分查找法较快，其平均时间复杂度为 $O(\log_2 N)$。

（2）斐波那契查找法较为复杂，需额外产生斐波那契树。

课后习题

1. 若有 n 项数据已排序完成，则用二分查找法查找其中某一项数据的查找时间约为多少？
   (A) $O(\log_2 n)$ (B) $O(n)$ (C) $O(n^2)$ (D) $O(\log_2 n)$

2. 使用二分查找法的前提条件是什么？

3. 有关二分查找法，下列哪一个叙述是正确的？
   (A) 文件必须事先排序
   (B) 当排序数据非常小时，其时间会比顺序查找法慢
   (C) 排序的复杂度比顺序查找法要高
   (D) 以上都正确

4. 在查找的过程中，斐波那契查找法的算术运算比二分查找法简单，这种说法是否正确？

5. 假设 $A[i]=2i$，$1 \leqslant i \leqslant n$，欲查找键值为 $2k-1$，试以插值查找法进行查找，需要比较几次才能确定此为一次失败的查找？

6. 试写出在数据(1, 2, 3, 6, 9, 11, 17, 28, 29, 30, 41, 47, 53, 55, 67, 78)中以插值查找法找到 9 的过程。

第 6 章

数组与链表算法

数组与链表都是相当重要的结构数据类型，也都是典型线性表的应用。线性表可应用于计算机中的数据存储结构，按照内存存储的方式基本上可分为以下两种：

- 静态数据结构（Static Data Structure）

数组类型就是一种典型的静态数据结构，使用连续分配的内存空间来存储有序表中的数据。静态数据结构在编译时就给相关的变量分配好内存空间。在建立静态数据结构的初期，必须事先声明最大可能要占用的固定内存空间，因此容易造成内存的浪费。优点是设计时相当简单，而且读取与修改表中任意一个元素的时间都是固定的。缺点是删除或加入数据时，需要移动大量的数据。

- 动态数据结构（Dynamic Data Structure）

动态数据结构又称为"链表"，使用不连续的内存空间存储具有线性表特性的数据。优点是数据的插入或删除都相当方便，不需要移动大量数据。另外，因为动态数据结构的内存分配是在程序执行时才进行的，所以不需要事先声明，这样能充分节省内存。缺点是在设计数据结构时比较麻烦，而且在查找数据时也无法像静态数据一样随机读取，只能按顺序去查找。

6.1 矩阵算法与深度学习

从数学的角度来看，对于 $m \times n$ 矩阵（Matrix）的形式，可以用计算机中 $A(m, n)$ 的二维数组来描述。看到如图 6-1 所示的矩阵 A，大家是否立即想到了一个声明为 $A(1:3, 1:3)$ 的二维数组？

$$A=\begin{bmatrix} a_{11} & a_{12} & a_{13} \\ a_{21} & a_{22} & a_{23} \\ a_{31} & a_{32} & a_{33} \end{bmatrix}_{3\times3}$$

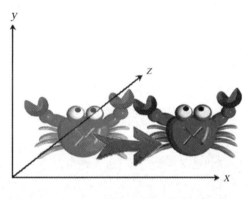

图 6-1

在三维图形学中也经常使用矩阵，因为矩阵可以清楚地表示模型数据的投影、扩大、缩小、平移、偏斜与旋转等运算，如图 6-2 所示。

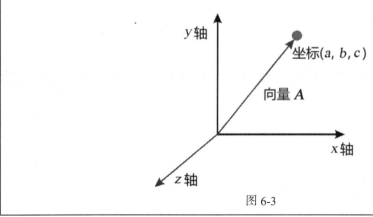

图 6-2

提　示

在三维空间中，向量用(*a*, *b*, *c*)来表示，其中 *a*、*b*、*c* 分别表示向量在 *x*、*y*、*z* 轴的分量。在图 6-3 中的向量 ***A*** 是一个从原点出发指向三维空间中的一个点(*a*, *b*, *c*)，也就是说向量同时包含大小及方向两种特性。所谓单位向量（Unit Vector），指的是向量长度为 1 的向量。通常在向量计算时，为了降低计算上的复杂度，会以单位向量进行运算，所以使用向量表示法就可以指明某变量的大小与方向。

图 6-3

深度学习（Deep Learning，DL）是目前最热门的话题，不但是人工智能（AI）的一个分支，也可以看成是具有层次性的机器学习法（Machine Learning，ML），更将 AI 推向类似人类学习模式的优异发展。在深度学习中，线性代数是一个强大的数学工具箱，常常需要使用大量的矩阵运算来提高效率。

拥有超多核心的 GPU（Graphics Processing Unit，图形处理器）问世之后，这种含有数千个微型且更高效率的运算单元的 GPU 就被用于并行计算（Parallel Computing），因而大幅提高了计算机的运算性能。加上 GPU 内部本来就是以向量和矩阵运算为基础的，大量的矩阵运算可以分配给为数众多的内核同步进行处理，使得人工智能领域正式进入实用阶段，进而成为未来各个学科不可或缺的技术之一。

深度学习源自于类神经网络（Artificial Neural Network，又称为人工神经网络）模型，并且结合了神经网络架构与大量的运算资源，目的在于让机器建立模拟人脑进行学习的神经网络，以解读大数据中图像、声音和文字等多种数据或信息。最为人津津乐道的深度学习应用当属 Google Deepmind 开发的人工智能围棋程序 AlphaGo，它接连打败欧洲和韩国的围棋棋王。AlphaGo 设计的核心思路是输入大量的棋谱数据，让 AlphaGo 通过深度学习掌握更抽象的概念来学习下围棋的方法，后来它创下了连胜 60 局的佳绩，并且还在不断反复跟自己的对弈中持续调整神经网络，即提高自己的棋艺。AlphaGo 官方网站的首页如图 6-4 所示。

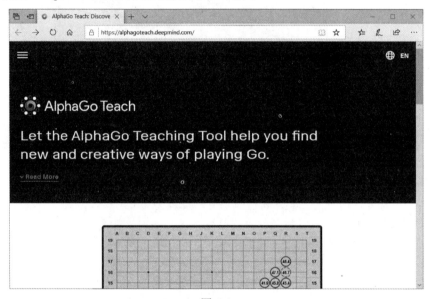

图 6-4

> **提 示**
>
> 类神经网络是模仿生物神经网络的运行模式，取材于人类大脑的结构，基础研究的方向是：使用大量简单且相连的人工神经元来模拟生物神经细胞受到特定程度的刺激而反应刺激。通过神经网络模型建立出系统模型，便可用于推理、预测、评估、决策、诊断的相关应用。要使得类神经网络能正确地运行，必须通过训练的方式让类神经网络反复学习，经过一段时间学习获得经验值才能有效学习到初步运行的模式。由于神经网络将权重存储在矩阵中，矩阵多半是多维模式，要考虑各种参数的组合，因此会牵涉到"矩阵"的大量运算。

类神经网络的原理也可以应用到计算机游戏中，如图 6-5 所示。

图 6-5

6.1.1 矩阵相加

矩阵的相加运算较为简单,前提是相加的两个矩阵对应的行数与列数都必须相等,而相加后矩阵的行数与列数也是相同的,例如 $A_{m \times n} + B_{m \times n} = C_{m \times n}$。下面来看一个矩阵相加的例子,如图 6-6 所示。

$$\begin{bmatrix} 1 & 3 & 5 \\ 7 & 9 & 11 \\ 13 & 15 & 17 \end{bmatrix}_{3 \times 3} + \begin{bmatrix} 9 & 8 & 7 \\ 6 & 5 & 4 \\ 3 & 2 & 1 \end{bmatrix}_{3 \times 3} = \begin{bmatrix} 10 & 11 & 12 \\ 13 & 14 & 15 \\ 16 & 17 & 18 \end{bmatrix}_{3 \times 3}$$

　　　　A 矩阵　　　　　　　B 矩阵　　　　　　　C 矩阵

图 6-6

下面的 Java 范例程序声明了 3 个二维数组来实现图 6-6 所示的两个矩阵相加的过程,并显示出这两个矩阵相加后的结果。

【范例程序:Add.java】

```
01    // 程序目的:两个矩阵相加的运算
02
03    import java.io.*;
04    public class Add
05    {
06        public static void MatrixAdd(int arrA[][],int arrB[][],int arrC[][],int dimX,int dimY)
07        {
08            int row,col;
09            if(dimX<=0||dimY<=0)
10            {
11                System.out.println("矩阵维数必须大于0");
12                return;
13            }
14            for(row=1;row<=dimX;row++)
15            {
16                for(col=1;col<=dimY;col++)
17                {
18                    arrC[(row-1)][(col-1)]=arrA[(row-1)][(col-1)]+arrB[(row-1)][(col-1)];
```

```
19              }
20          }
21      }
22
23      public static void main(String args[]) throws IOException
24      {
25          int i;
26          int j;
27          final int ROWS = 3;
28          final int COLS =3;
29          int [][] A= {{1,3,5},
30                      {7,9,11},
31                      {13,15,17}};
32          int [][] B= {{9,8,7},
33                      {6,5,4},
34                      {3,2,1}};
35          int [][] C= new int[ROWS][COLS];
36          System.out.println("[矩阵A的各个元素]");              //输出矩阵A的内容
37          for(i=0;i<3;i++)
38          {
39              for(j=0;j<3;j++)
40                  System.out.print(A[i][j]+" \t");
41              System.out.println();
42          }
43          System.out.println("[矩阵B的各个元素]");              //输出矩阵B的内容
44          for(i=0;i<3;i++)
45          {
46              for(j=0;j<3;j++)
47                  System.out.print(B[i][j]+" \t");
48              System.out.println();
49          }
50          MatrixAdd(A,B,C,3,3);
51          System.out.println("[显示矩阵A和矩阵B相加的结果]");  //输出A+B的结果
52          for(i=0;i<3;i++)
53          {
54              for(j=0;j<3;j++)
55                  System.out.print(C[i][j]+" \t");
56              System.out.println();
57          }
58      }
59  }
```

【执行结果】参考图 6-7。

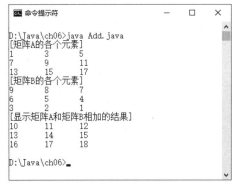

图 6-7

6.1.2 矩阵相乘

两个矩阵 A 与 B 相乘会受到某些条件的限制。首先，必须符合 A 为一个 $m\times n$ 的矩阵，B 为一个 $n\times p$ 的矩阵，对 $A\times B$ 之后的结果为一个 $m\times p$ 的矩阵 C，如图 6-8 所示。

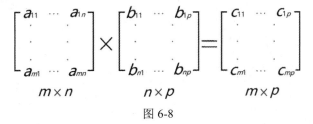

图 6-8

$C_{11} = a_{11} \times b_{11} + a_{12} \times b_{21} + \cdots + a_{1n} \times b_{n1}$

$\vdots$

$C_{1p} = a_{11} \times b_{1p} + a_{12} \times b_{2p} + \cdots + a_{1n} \times b_{np}$

$\vdots$

$C_{mp} = a_{m1} \times b_{1p} + a_{m2} \times b_{2p} + \cdots + a_{mn} \times b_{np}$

下面的 Java 范例程序让用户输入两个可相乘的矩阵的维数及其元素，完成矩阵的相乘后显示得到的结果矩阵。

【范例程序：Mul.java】

```
01    // 运算两个矩阵相乘的结果
02
03    import java.io.*;
04    public class Mul
05    {
06        public static void main(String args[]) throws IOException
07        {
08            int M,N,P;
09            int i,j;
10            String strM;
11            String strN;
12            String strP;
13            String tempstr;
14            BufferedReader keyin=new BufferedReader(new InputStreamReader(System.in));
15            System.out.println("请输入矩阵A的维数(M,N)：");
16            System.out.print("请先输入矩阵A的M值：");
17            strM=keyin.readLine();
18            M=Integer.parseInt(strM);
19            System.out.print("接着输入矩阵A的N值：");
20            strN=keyin.readLine();
21            N=Integer.parseInt(strN);
22            int A[][]=new int[M][N];
23            System.out.println("[请输入矩阵A的各个元素]");
24            System.out.println("注意！每输入一个值按下Enter键确认输入");
25            for(i=0;i<M;i++)
26                for(j=0;j<N;j++)
27                {
```

```java
28              System.out.print("a"+i+j+"=");
29              tempstr=keyin.readLine();
30              A[i][j]=Integer.parseInt(tempstr);
31          }
32      System.out.println("请输入矩阵B的维数(N,P): ");
33      System.out.print("请先输入矩阵B的N值: ");
34      strN=keyin.readLine();
35      N=Integer.parseInt(strN);
36      System.out.print("接着输入矩阵B的P值: ");
37      strP=keyin.readLine();
38      P=Integer.parseInt(strP);
39      int B[][]=new int[N][P];
40      System.out.println("[请输入矩阵B的各个元素]");
41      System.out.println("注意！每输入一个值按下Enter键确认输入");
42      for(i=0;i<N;i++)
43          for(j=0;j<P;j++)
44          {
45              System.out.print("b"+i+j+"=");
46              tempstr=keyin.readLine();
47              B[i][j]=Integer.parseInt(tempstr);
48          }
49      int C[][]=new int[M][P];
50      MatrixMultiply(A,B,C,M,N,P);
51      System.out.println("[A×B的结果是]");
52      for(i=0;i<M;i++)
53      {
54          for(j=0;j<P;j++)
55          {
56              System.out.print(C[i][j]);
57              System.out.print('\t');
58          }
59          System.out.println();
60      }
61  }
62  public static void MatrixMultiply(int arrA[][],int arrB[][],int arrC[][],int M,int N,int P)
63  {
64      int i,j,k,Temp;
65      if(M<=0||N<=0||P<=0)
66      {
67          System.out.println("[错误：维数M,N,P必须大于0]");
68          return;
69      }
70      for(i=0;i<M;i++)
71          for(j=0;j<P;j++)
72          {
73              Temp = 0;
74              for(k=0;k<N;k++)
75                  Temp = Temp + arrA[i][k]*arrB[k][j];
76              arrC[i][j] = Temp;
77          }
78      }
79  }
```

【执行结果】参考图 6-9。

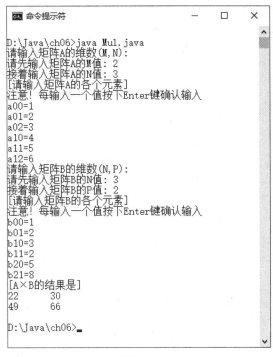

图 6-9

6.1.3 转置矩阵

"转置矩阵"（A^t）就是把原矩阵的行坐标元素与列坐标元素相互调换。假设 A^t 为 A 的转置矩阵，则有 $A^t[j, i]=A[i, j]$，如图 6-10 所示。

$$A=\begin{bmatrix} 1 & 2 & 3 \\ 4 & 5 & 6 \\ 7 & 8 & 9 \end{bmatrix}_{3\times 3} \qquad A^t=\begin{bmatrix} 1 & 4 & 7 \\ 2 & 5 & 8 \\ 3 & 6 & 9 \end{bmatrix}_{3\times 3}$$

图 6-10

下面的 Java 范例程序让用户输入矩阵的维数及其元素，再对该矩阵进行转置。

【范例程序：Tran.java】

```
01    // 求出 M×N 矩阵的转置矩阵
02
03    import java.io.*;
04    public class Tran
05    {
06        public static void main(String args[]) throws IOException
07        {
08            int M,N,row,col;
09            String strM;
```

```java
10              String strN;
11              String tempstr;
12              BufferedReader keyin=new BufferedReader(new InputStreamReader
    (System.in));
13              System.out.println("[输入M×N矩阵的维度]");
14              System.out.print("请输入维度M: ");
15              strM=keyin.readLine();
16              M=Integer.parseInt(strM);
17              System.out.print("请输入维度N: ");
18              strN=keyin.readLine();
19              N=Integer.parseInt(strN);
20              int arrA[][]=new int[M][N];
21              int arrB[][]=new int[N][M];
22              System.out.println("[请输入矩阵内容]");
23              for(row=1;row<=M;row++)
24              {
25                  for(col=1;col<=N;col++)
26                  {
27                      System.out.print("a"+row+col+"=");
28                      tempstr=keyin.readLine();
29                      arrA[row-1][col-1]=Integer.parseInt(tempstr);
30                  }
31              }
32              System.out.println("[输入矩阵内容为]\n");
33              for(row=1;row<=M;row++)
34              {
35                  for(col=1;col<=N;col++)
36                  {
37                      System.out.print(arrA[(row-1)][(col-1)]);
38                      System.out.print('\t');
39                  }
40                  System.out.println();
41              }
42              //进行矩阵转置的操作
43              for(row=1;row<=N;row++)
44                  for(col=1;col<=M;col++)
45                      arrB[(row-1)][(col-1)]=arrA[(col-1)][(row-1)];
46
47              System.out.println("[转置矩阵内容为]");
48              for(row=1;row<=N;row++)
49              {
50                  for(col=1;col<=M;col++)
51                  {
52                      System.out.print(arrB[(row-1)][(col-1)]);
53                      System.out.print('\t');
54                  }
55                  System.out.println();
56              }
57          }
58      }
```

【执行结果】参考图 6-11。

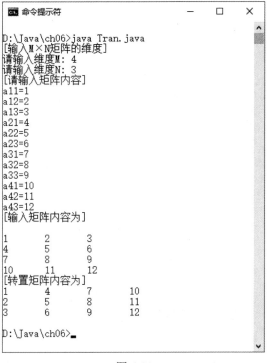

图 6-11

6.1.4 稀疏矩阵

稀疏矩阵（Sparse Matrix）是指一个矩阵中的大部分元素为 0。图 6-12 所示的矩阵就是一种典型的稀疏矩阵。

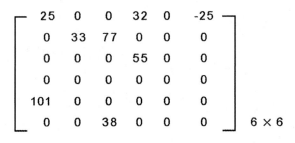

图 6-12

对于稀疏矩阵而言，因为矩阵中的许多元素都是 0，所以实际存储的数据项很少，如果在计算机中使用传统的二维数组方式来存储稀疏矩阵，就十分浪费计算机的内存空间。

提高内存空间利用率的方法是使用三项式（3-Tuple）的数据结构，可以把每一个非零项用（i, j, item-value）的形式来表示，其中，i 为此矩阵非零项所在的行数，j 为此矩阵非零项所在的列数，item-value 为此矩阵非零项的值。假如一个稀疏矩阵有 n 个非零项，那么可以使用一个 $A(0:n, 1:3)$ 的二维数组来存储这些非零项。其中，A(0, 1) 存储这个稀疏矩阵的行数，A(0, 2) 存储这个稀疏矩阵的列数，A(0, 3)存储这个稀疏矩阵非零项的总数。以图 6-12 所示的 6×6 稀疏矩阵为例，可以用如图 6-13 所示的方式来表示。

	1	2	3
0	6	6	8
1	1	1	25
2	1	4	32
3	1	6	-25
4	2	2	33
5	2	3	77
6	3	4	55
7	5	1	101
8	6	3	38

图 6-13

这种利用三项式数据结构来压缩稀疏矩阵的方式可以减少对内存的浪费。

下面的 Java 范例程序使用三项式数据结构压缩 8×9 的稀疏矩阵，减少对内存的浪费。在该范例程序中调用 rand()随机数函数来生成矩阵的各个元素值。

【范例程序：Sparse.java】

```
01      // 压缩稀疏矩阵并输出结果
02
03      import java.io.*;
04      public class Sparse
05      {
06          public static void main(String args[]) throws IOException
07          {
08              final int _ROWS = 8;              //定义行数
09              final int _COLS = 9;              //定义列数
10              final int _NOTZERO = 8;           //定义稀疏矩阵中不为0的元素个数
11              int i,j,tmpRW,tmpCL,tmpNZ;
12              int temp=1;
13              int Sparse[][]=new int[_ROWS][_COLS];           //声明稀疏矩阵
14              int Compress[][]=new int[_NOTZERO+1][3];        //声明压缩矩阵
15              for (i=0;i<_ROWS;i++)             //将稀疏矩阵的所有元素设为0
16                  for (j=0;j<_COLS;j++)
17                      Sparse[i][j]=0;
18              tmpNZ=_NOTZERO;
19              for (i=1;i<tmpNZ+1;i++)
20              {
21                  tmpRW=(int)(Math.random()*100);
22                  tmpRW = (tmpRW % _ROWS);
23                  tmpCL=(int)(Math.random()*100);
24                  tmpCL = (tmpCL % _COLS);
25                  if(Sparse[tmpRW][tmpCL]!=0)//避免同一个元素设置两次数值而造成压缩矩阵中有 0
```

```
26                    tmpNZ++;
27                    Sparse[tmpRW][tmpCL]=i;  //随机产生稀疏矩阵中非零的元素值
28                }
29        System.out.println("[稀疏矩阵的各个元素]");  //输出稀疏矩阵的各个元素
30        for (i=0;i<_ROWS;i++)
31        {
32            for (j=0;j<_COLS;j++)
33                System.out.print(Sparse[i][j]+" ");
34            System.out.println();
35        }
36        /*开始压缩稀疏矩阵*/
37        Compress[0][0] = _ROWS;
38        Compress[0][1] = _COLS;
39        Compress[0][2] = _NOTZERO;
40        for (i=0;i<_ROWS;i++)
41            for (j=0;j<_COLS;j++)
42                if (Sparse[i][j] != 0)
43                {
44                    Compress[temp][0]=i;
45                    Compress[temp][1]=j;
46                    Compress[temp][2]=Sparse[i][j];
47                    temp++;
48                }
49        System.out.println("[稀疏矩阵压缩后的内容]");  //输出压缩矩阵的各个元素
50        for (i=0;i<_NOTZERO+1;i++)
51        {
52            for (j=0;j<3;j++)
53                System.out.print(Compress[i][j]+" ");
54            System.out.println();
55        }
56    }
57 }
```

【执行结果】参考图6-14。

图6-14

6.2 数组与多项式

多项式是数学中相当重要的表达方式，如果使用计算机来处理多项式的各种相关运算，通常可以用数组（Array）或链表（Linked List）来存储多项式。在本节中，我们先来讨论多项式以数组结构表示的相关应用。

假如一个多项式 $P(x) = a_n x^n + a_{n-1} x^{n-1} + \cdots + a_1 x + a_0$，就会称 $P(x)$ 为一个 n 次多项式。一个多项式如果使用数组结构存储在计算机中的话，会有以下两种表示法：

（1）使用一个 $n+2$ 长度的一维数组来存放，数组的第一个位置存储多项式的最大指数 n，数组之后的各个位置从指数 n 开始依次递减，按序将对应项的系数存储在 $A(1:n+2)$ 中：

$$P = (n, a_n, a_{n-1}, \ldots, a_1, a_0)$$

例如，$P(x) = 2x^5 + 3x^4 + 5x^2 + 4x + 1$，可转换为用 A 数组来表示：

$$A=[5, 2, 3, 0, 5, 4, 1]$$

使用这种表示法的优点是，在计算机中运用时对于多项式各种运算（如加法与乘法）的设计比较方便。不过，多项式的系数多半为零时，例如 $x^{100}+1$，就太浪费内存空间了。

（2）只存储多项式中的非零项。如果有 m 个非零项，则使用 $2m+1$ 长的数组来存储每一个非零项的指数及系数，但数组的第一个元素存储的是这个多项式非零项的个数。

例如，$P(x)=2x^5+3x^4+5x^2+4x+1$ 可表示成 $A(1:2m+1)$ 数组：

$$A=\{5,2,5,3,4,5,2,4,1,1,0\}$$

这种方法的优点是在多项式零项较多时可以减少对内存空间的浪费，缺点是在为多项式设计各种运算时会复杂许多。

下面的 Java 范例程序用本节所介绍的第一种多项式表示法来进行 $A(x) = 3x^4 + 7x^3 + 6x + 2$ 和 $B(x) = x^4 + 5x^3 + 2x^2 + 9$ 的加法运算。

【范例程序：Pol.java】

```
01      //  将两个最高次方相等的多项式相加后输出结果
02
03      import java.io.*;
04      public class Pol
05      {
06          final static int ITEMS=6;
07          public static void main(String args[]) throws IOException
08          {
09              int [] PolyA={4,3,7,0,6,2};              //声明多项式A
10              int [] PolyB={4,1,5,2,0,9};              //声明多项式B
11              System.out.print("多项式A=> ");
12              PrintPoly(PolyA,ITEMS);                  //打印输出多项式A
13              System.out.print("多项式B=> ");
14              PrintPoly(PolyB,ITEMS);                  //打印输出多项式B
15              System.out.print("A+B => ");
```

```
16              PolySum(PolyA,PolyB);                    //多项式A+多项式B
17          }
18
19      public static void PrintPoly(int Poly[],int items)
20      {
21          int i,MaxExp;
22          MaxExp=Poly[0];
23          for(i=1;i<=Poly[0]+1;i++)
24          {
25              MaxExp--;
26              if(Poly[i]!=0)       //如果该项式为0就跳过
27              {
28                  if((MaxExp+1)!=0)
29                      System.out.print(Poly[i]+"X^"+(MaxExp+1));
30                  else
31                      System.out.print(Poly[i]);
32                  if(MaxExp>=0)
33                      System.out.print('+');
34              }
35          }
36          System.out.println();
37      }
38
39      public static void PolySum(int Poly1[],int Poly2[])
40      {
41          int i;
42          int result[]= new int [ITEMS];
43          result[0] = Poly1[0];
44          for(i=1;i<=Poly1[0]+1;i++)
45              result[i]=Poly1[i]+Poly2[i];    //等幂次的系数相加
46          PrintPoly(result,ITEMS);
47      }
48  }
```

【执行结果】参考图6-15。

图6-15

6.3 单向链表算法

通常，在其他程序设计语言（如C或C++语言）中，会以指针（Pointer）类型来处理链表类型的数据结构。在Java程序设计语言中没有指针类型，可以把链表声明为类。在其他程序设计语言中，当分配的内存不再使用时就必须释放，在Java语言中有垃圾回收机制，所以不存在内存垃圾不能及时收集的问题。

例如，在 Java 语言中要模拟链表中的节点，必须声明如下的 Node 类：

```
class Node
{
    int data;
    Node next;
    public Node(int data)  //节点声明的构造函数
    {
        this.data=data;
        this.next=null;
    }
}
```

接着可以声明链表 LinkedList 类。该类定义两个 Node 类型的节点指针，分别指向链表的第一节点和最后一个节点，如下所示：

```
class LinkedList
{
    private Node first;
    private Node last;
    //定义类的方法
    ...
}
```

链表中的节点可以记录多个数值。例如，每一个节点除了有指向下一个节点的指针字段外，还包括学生的姓名（name）、学号（no）、成绩（score），则其链表如图 6-16 所示。

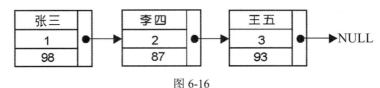

图 6-16

在 Java 中要模拟链表中的此类节点，其 Node 类的语法可以声明如下：

```
class Node
{
    String  name;
    int     no;
    int     score;
    Node    next;
    public Node(String name,int no,int score)
    {
        this.name=name;
        this.no=no;
        this.score=score;
        this.next=null;
    }
}
```

下面试着使用 Java 语言的链表处理学生的成绩问题。

学号	姓名	成绩
01	黄小华	85
02	方小源	95
03	林大晖	68
04	孙阿毛	72
05	王小明	79

首先我们必须声明节点的数据类型，让每一个节点包含一个数据，并且包含指向下一个数据的指针，使所有数据能被串在一起而形成一个链表结构，建立好的单向链表示例如图 6-17 所示。

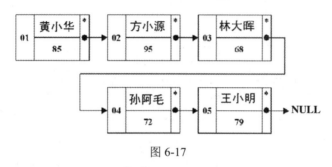

图 6-17

下面我们详细说明图 6-17 所示的单向链表的步骤：

① 建立新节点，如图 6-18 所示。

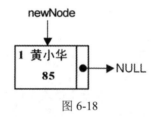

图 6-18

② 将链表的 first 及 last 指针字段指向 newNode，如图 6-19 所示。

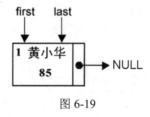

图 6-19

③ 建立另一个新节点，如图 6-20 所示。

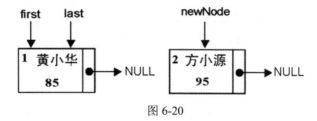

图 6-20

④ 将两个节点串起来，如图 6-21 所示。

```
last.next=newNode;
last=newNode;
```

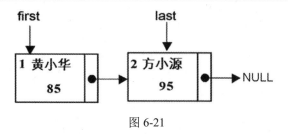

图 6-21

⑤ 按序完成如图 6-22 所示的链表结构。

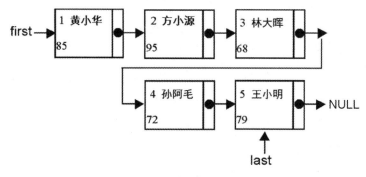

图 6-22

由于链表中所有节点都知道节点本身的下一个节点所在的位置，但是对于前一个节点是没有办法知道的，因此"链表头"显得相当重要。

无论如何，只要有链表头存在，就可以对整个链表进行遍历、加入及删除节点等操作。若之前建立的节点没有串起来则会形成无人管理的节点，并一直占用内存空间。因此，在建立链表时必须有一个链表指针指向链表头，并且除非必要否则不可移动链表头指针。

下面创建 LinkedList.java 程序，并在此程序中声明 Node 类及 LinkedList 类。在 LinkedList 类中，除了定义两个 Node 类节点指针，分别指向链表的第一个节点和最后一个节点外，还要在该类中声明了 3 个方法（见表 6-1）。

表 6-1　LinkedList 类的 3 个方法

方法名称	功能说明
public boolean isEmpty()	用来判断当前的链表是否为空列表
public void print()	用来将当前的链表内容打印出来
public void insert(int data, String names, int np)	用来将指定的节点插入到当前的链表

【范例程序：LinkedList.java】

```
01    class Node
02    {
03        int data;
04        int np;
05        String names;
```

```
06          Node next;
07          public Node(int data,String names,int np)
08          {
09              this.np=np;
10              this.names=names;
11              this.data=data;
12              this.next=null;
13          }
14      }
15      public class LinkedList
16      {
17          private Node first;
18          private Node last;
19          public boolean isEmpty()
20          {
21              return first==null;
22          }
23          public void print()
24          {
25              Node current=first;
26              while(current!=null)
27              {
28                  System.out.println("["+current.data+" "+current.names+" "+current.np+"]");
29                  current=current.next;
30              }
31              System.out.println();
32          }
33          public void insert(int data,String names,int np)
34          {
35              Node newNode=new Node(data,names,np);
36              if(this.isEmpty())
37              {
38                  first=newNode;
39                  last=newNode;
40              }
41              else
42              {
43                  last.next=newNode;
44                  last=newNode;
45              }
46          }
47      }
```

接着让用户输入数据来添加学生数据节点,这里输入 5 位学生的成绩来建立单向链表,然后遍历单向链表的每一个节点来打印输出学生的成绩。

【范例程序:Score.java】

```
01  // 建立 5 位学生成绩的单向链表,
02  // 再遍历这个单向链表的每一个节点来打印输出学生的成绩
03
04  import java.io.*;
05
06  public class Score
07  {
08      public static void main(String args[]) throws IOException
09      {
10          BufferedReader buf;
```

```
11          buf=new BufferedReader(new InputStreamReader(System.in));
12          int num;
13          String name;
14          int score;
15
16          System.out.println("请输入 5 位学生的数据： ");
17          LinkedList list=new LinkedList();
18          for (int i=1;i<6;i++)
19          {
20              System.out.print("请输入学号： ");
21              num=Integer.parseInt(buf.readLine());
22              System.out.print("请输入姓名： ");
23              name=buf.readLine();
24              System.out.print("请输入成绩： ");
25              score=Integer.parseInt(buf.readLine());
26              list.insert(num,name,score);
27              System.out.println("-------------");
28          }
29          System.out.println(" 学 生 成 绩 ");
30          System.out.println(" 学号  姓名 成绩 ==========");
31          list.print();
32      }
33  }
```

【执行结果】参考图 6-23。

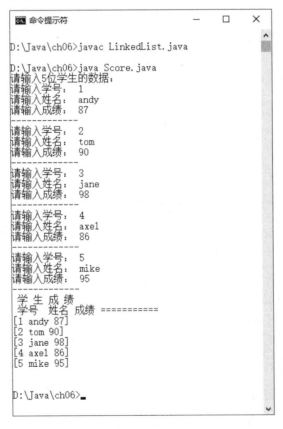

图 6-23

6.3.1 单向链表插入节点的算法

在单向链表中添加新节点如同在一列火车中加入新的车厢，有 3 种情况：加到第一个节点之前、加到最后一个节点之后、加到此链表中间任一位置。接下来我们使用图解方式来说明。

1．将新节点加到第一个节点之前，即成为此链表的首节点

只需把新节点的指针指向链表原来的第一个节点，再把链表头指针指向新节点即可，如图 6-24 所示。

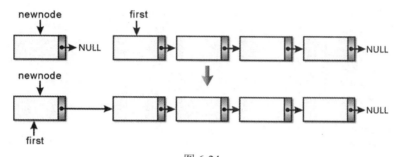

图 6-24

2．将新节点加到最后一个节点之后

只需把链表的最后一个节点的指针指向新节点，新节点的指针再指向 NULL 即可，如图 6-25 所示。

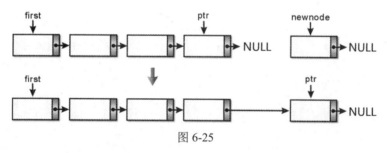

图 6-25

3．将新节点加到链表中间的位置

例如，要插入的节点在 X 与 Y 之间，只要将 X 节点的指针指向新节点、新节点的指针指向 Y 节点即可，如图 6-26 和图 6-27 所示。

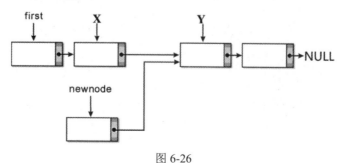

图 6-26

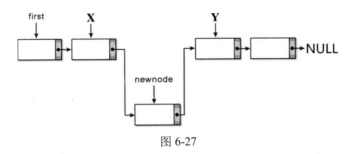

图 6-27

以下是以 Java 语言实现的插入节点算法：

```
/*插入节点*/
    public void insert(Node ptr)
    {
        Node tmp;
    Node newNode;
    if(this.isEmpty())
    {
        first=ptr;
        last=ptr;
    }
    else
    {
        if(ptr.next==first)       /*插入第一个节点*/
        {
            ptr.next =first;
            first=ptr;
        }
        else
        {
            if(ptr.next==null)    /*插入最后一个节点*/
            {
                last.next=ptr;
                last=ptr;
            }
            else                  /*插入中间节点*/
            {
                newNode=first;
                tmp=first;
                while(ptr.next!=newNode.next)
                {
                    tmp=newNode;
                    newNode=newNode.next;
                }
                tmp.next=ptr;
                ptr.next=newNode;
            }
        }
    }
}
```

第 6 章 数组与链表算法

设计一个 Java 程序来实现单向链表添加节点的过程，并且允许在链表头部、链表末尾和链表中间 3 种不同位置插入新节点。

【范例程序：Single.java】

```
01  //实现单向链表插入新节点的功能
02  import java.io.*;
03
04  class Node
05  {
06      int data;
07      Node next;
08      public Node(int data)
09      {
10          this.data=data;
11          this.next=null;
12      }
13  }
14  class LinkedList
15  {
16      public Node first;
17      public Node last;
18      public boolean isEmpty()
19      {
20          return first==null;
21      }
22      public void print()
23      {
24          Node current=first;
25          while(current!=null)
26          {
27              System.out.print("["+current.data+"]");
28              current=current.next;
29          }
30          System.out.println();
31      }
32      //串接两个链表
33      public LinkedList Concatenate(LinkedList head1,LinkedList head2)
34      {
35          LinkedList ptr;
36          ptr = head1;
37          while(ptr.last.next != null)
38              ptr.last = ptr.last.next;
39          ptr.last.next = head2.first;
40          return head1;
41      }
42      //插入节点
43      public void insert(Node ptr)
44      {
45          Node tmp;
46          Node newNode;
47          if(this.isEmpty())
48          {
49              first=ptr;
50              last=ptr;
51          }
52          else
53          {
```

```
54              if(ptr.next==first)        //插入到第一个节点
55              {
56                  ptr.next =first;
57                  first=ptr;
58              }
59              else
60              {
61                  if(ptr.next==null)   //插入到最后一个节点
62                  {
63                      last.next=ptr;
64                      last=ptr;
65                  }
66                  else                 //插入到中间节点
67                  {
68                      newNode=first;
69                      tmp=first;
70                      while(ptr.next!=newNode.next)
71                      {
72                          tmp=newNode;
73                          newNode=newNode.next;
74                      }
75                      tmp.next=ptr;
76                      ptr.next=newNode;
77                  }
78              }
79          }
80      }
81  }
82
83  public class Single
84  {
85      public static void main(String args[]) throws IOException
86      {
87          LinkedList list1=new LinkedList();
88          LinkedList list2=new LinkedList();
89          Node node1=new Node(5);
90          Node node2=new Node(6);
91          list1.insert(node1);
92          list1.insert(node2);
93          Node node3=new Node(7);
94          Node node4=new Node(8);
95          list2.insert(node3);
96          list2.insert(node4);
97          list1.Concatenate(list1,list2);
98          list1.print();
99      }
100 }
```

【执行结果】参考图 6-28。

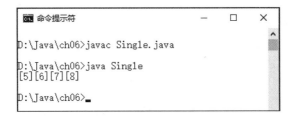

图 6-28

6.3.2 单向链表删除节点的算法

在单向链表类型的数据结构中，如果要在链表中删除一个节点，如同从一列火车中移走原有的某节车厢，根据所删除节点的位置会有 3 种不同的情况。

1．删除链表的第一个节点

只要把链表头指针指向第二个节点即可，如图 6-29 所示。

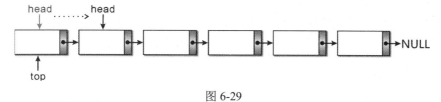

图 6-29

```
if(first.data==delNode.data)
   first=first.next;
```

2．删除链表的中间节点

只要将删除节点的前一个节点的指针指向要删除节点的下一个节点即可，如图 6-30 所示。

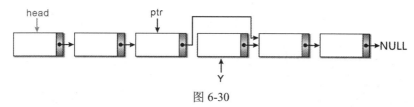

图 6-30

```
newNode=first;
tmp=first;
while(newNode.data!=delNode.data)
{
    tmp=newNode;
    newNode=newNode.next;
}
tmp.next=delNode.next;
```

3．删除链表的最后一个节点

只要将指向最后一个节点 ptr 的指针直接指向 NULL（空节点）即可，如图 6-31 所示。

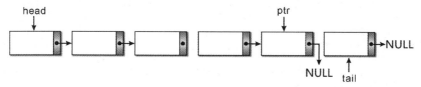

图 6-31

```
if(last.data==delNode.data)
{
```

```
        newNode=first;
        while(newNode.next!=last) newNode=newNode.next;
            newNode.next=last.next;
        last=newNode;
}
```

下面的 Java 范例程序建立了一组学生成绩的链表，包含了学号、姓名与成绩 3 种数据。只要输入想要删除的成绩，就可以开始遍历该链表，找到并删除该位学生的节点。要结束时，输入"-1"，就会列出此链表中剩余的所有学生的数据。

【范例程序：StuLinkedList.java】

```
01   class Node
02   {
03       int data;
04       int np;
05       String names;
06       Node next;
07
08       public Node(int data,String names,int np)
09       {
10           this.np=np;
11           this.names=names;
12           this.data=data;
13           this.next=null;
14       }
15   }
16
17   public class StuLinkedList
18   {
19       public Node first;
20       public Node last;
21       public boolean isEmpty()
22       {
23           return first==null;
24       }
25
26       public void print()
27       {
28           Node current=first;
29           while(current!=null)
30           {
31               System.out.println("["+current.data+"          "+current.names+"   "+current.np+"]");
32               current=current.next;
33           }
34           System.out.println();
35       }
36
37       public void insert(int data,String names,int np)
38       {
39           Node newNode=new Node(data,names,np);
40           if(this.isEmpty())
41           {
42               first=newNode;
43               last=newNode;
44           }
45           else
```

```
46              {
47                  last.next=newNode;
48                  last=newNode;
49              }
50      }
51
52      public void delete(Node delNode)
53      {
54          Node newNode;
55          Node tmp;
56          if(first.data==delNode.data)
57          {
58              first=first.next;
59          }
60          else if(last.data==delNode.data)
61          {
62              System.out.println("I am here\n");
63              newNode=first;
64              while(newNode.next!=last) newNode=newNode.next;
65              newNode.next=last.next;
66              last=newNode;
67          }
68          else
69          {
70              newNode=first;
71              tmp=first;
72              while(newNode.data!=delNode.data)
73              {
74                  tmp=newNode;
75                  newNode=newNode.next;
76              }
77              tmp.next=delNode.next;
78          }
79      }
80  }
```

【范例程序：Student.java】

```
01  // 使用链表来建立、删除和打印学生成绩
02  // ========================================================
03
04  import java.util.*;
05  import java.io.*;
06  public class Student
07  {
08      public static void main(String args[]) throws IOException
09      {
10          BufferedReader buf;
11          Random rand=new Random();
12          buf=new BufferedReader(new InputStreamReader(System.in));
13          StuLinkedList list =new StuLinkedList();
14          int i,j,findword=0,data[][]=new int[12][10];
15          String name[]=new String[] {"Allen","Scott","Marry","Jon","Mark",
    "Ricky","Lisa","Jasica","Hanson","Amy","Bob","Jack"};
16          System.out.println("学号 成绩    学号 成绩   学号 成绩   学号  成绩\n ");
17          for (i=0;i<12;i++)
18          {
19              data[i][0]=i+1;
20              data[i][1]=(Math.abs(rand.nextInt(50)))+50;
```

```
21                list.insert(data[i][0],name[i],data[i][1]);
22            }
23            for (i=0;i<3;i++)
24            {
25                for(j=0;j<4;j++)
26                    System.out.print("["+data[j*3+i][0]+"]    ["+data[j*3+i][1]+"] ");
27                System.out.println();
28            }
29
30            while(true)
31            {
32                System.out.print("请输入要删除成绩的学生学号，结束输入-1： ");
33                findword=Integer.parseInt(buf.readLine());
34                if(findword==-1)
35                    break;
36                else
37                {
38                    Node current=new Node(list.first.data,list.first.names,list.first.np);
39                    current.next=list.first.next;
40                    while(current.data!=findword)  current=current.next;
41                    list.delete(current);
42                }
43                System.out.println("删除成绩后的链表。请注意，要删除成绩的学生学号必须在此链表中。\n");
44                list.print();
45            }
46        }
47    }
```

【执行结果】参考图 6-32。

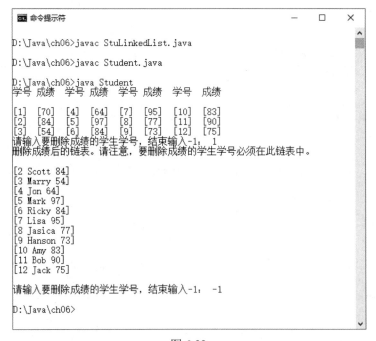

图 6-32

6.3.3　对单向链表进行反转的算法

了解单向链表节点的插入和删除之后，大家会发现在这种具有方向性的链表结构中增删节点是相当容易的一件事。要从头到尾输出整个单向链表也不难，但要反转过来输出单向链表，则需要些技巧。我们知道单向链表中的节点特性是知道下一个节点的位置，无从得知上一个节点的位置，如图 6-33 所示。如果要将单向链表反转，就必须使用 3 个指针变量，如下面程序代码中的 p,q 和 r。

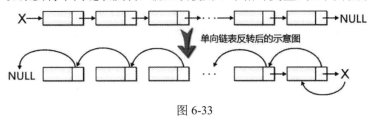

图 6-33

下面就以 Java 语言来将前面学生成绩程序中的学生成绩按照学号反转打印出来。在这个程序中我们会用到在"StuLinkedList.java"程序中定义的类。

【范例程序：StuLinkedList.java】

```
01    class Node
02    {
03        int data;
04        int np;
05        String names;
06        Node next;
07
08        public Node(int data,String names,int np)
09        {
10            this.np=np;
11            this.names=names;
12            this.data=data;
13            this.next=null;
14        }
15    }
16
17    public class StuLinkedList
18    {
19        public Node first;
20        public Node last;
21        public boolean isEmpty()
22        {
23            return first==null;
24        }
25
26        public void print()
27        {
28            Node current=first;
29            while(current!=null)
30            {
31                System.out.println("["+current.data+"         "+current.names+"       "+current.np+"]");
32                current=current.next;
33            }
```

```
34              System.out.println();
35          }
36
37      public void insert(int data,String names,int np)
38      {
39          Node newNode=new Node(data,names,np);
40          if(this.isEmpty())
41          {
42              first=newNode;
43              last=newNode;
44          }
45          else
46          {
47              last.next=newNode;
48              last=newNode;
49          }
50      }
51
52      public void delete(Node delNode)
53      {
54          Node newNode;
55          Node tmp;
56          if(first.data==delNode.data)
57          {
58              first=first.next;
59          }
60          else if(last.data==delNode.data)
61          {
62              System.out.println("I am here\n");
63              newNode=first;
64              while(newNode.next!=last) newNode=newNode.next;
65              newNode.next=last.next;
66              last=newNode;
67          }
68          else
69          {
70              newNode=first;
71              tmp=first;
72              while(newNode.data!=delNode.data)
73              {
74                  tmp=newNode;
75                  newNode=newNode.next;
76              }
77              tmp.next=delNode.next;
78          }
79      }
80  }
```

【范例程序：Reverse.java】

```
01  // 单向链表的反转功能
02  import java.util.*;
03  import java.io.*;
04
05  class ReverseStuLinkedList extends StuLinkedList
06  {
07      public void reverse_print()
08      {
09          Node current=first;
10          Node before=null;
```

```java
11              System.out.println("\n反转后的链表数据:");
12              while(current!=null)
13              {
14                  last=before;
15                  before=current;
16                  current=current.next;
17                  before.next=last;
18              }
19              current=before;
20              while(current!=null)
21              {
22                  System.out.println("["+current.data+" "+current.names+" "+current.np+"]");
23                  current=current.next;
24              }
25          }
26      }
27
28      public class Reverse
29      {
30          public static void main(String args[]) throws IOException
31          {
32              Random rand=new Random();
33              ReverseStuLinkedList list =new ReverseStuLinkedList();
34              int i,j,data[][]=new int[12][10];
35              String name[]=new String[] {"Allen","Scott","Marry","Jon","Mark","Ricky","Lisa","Jasica","Hanson","Amy","Bob","Jack"};
36              System.out.println("学号 成绩   学号 成绩   学号 成绩   学号  成绩");
37              for (i=0;i<12;i++)
38              {
39                  data[i][0]=i+1;
40                  data[i][1]=(Math.abs(rand.nextInt(50)))+50;
41                  list.insert(data[i][0],name[i],data[i][1]);
42              }
43              for (i=0;i<3;i++)
44              {
45                  for(j=0;j<4;j++)
46                  System.out.print("["+data[j*3+i][0]+"]   ["+data[j*3+i][1]+"] ");
47                  System.out.println();
48              }
49              list.reverse_print();
50          }
51      }
```

【执行结果】参考图 6-34。

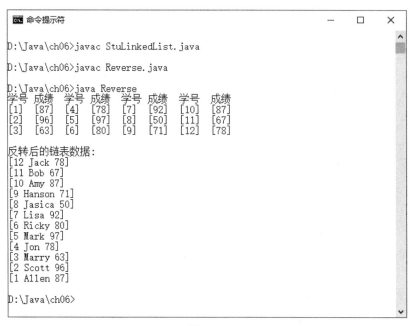

图 6-34

6.3.4 单向链表串接的算法

对于两个或两个以上链表的串接或连接（Concatenation，也称为级联），其实现方法很容易：只要将链表的首尾相连即可，如图 6-35 所示。

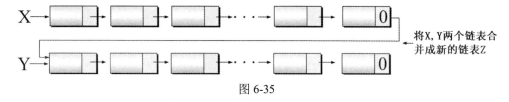

图 6-35

用 Java 语言实现的单向链表串接算法如下所示：

```
class Node
{
    int data;
    Node next;
    public Node(int data)
    {
        this.data=data;
        this.next=null;
    }
}
public class LinkeList
{
```

```
    public Node first;
    public Node last;
    public boolean isEmpty()
    {
        return first==null;
    }
    public void print()
    {
        Node current=first;
        while(current!=null)
        {
            System.out.print("["+current.data+"]");
            current=current.next;
        }
        System.out.println();
    }
}

/*串接两个链表*/
public LinkeList Concatenate(LinkeList head1,LinkeList head2)
{
    LinkeList ptr;
    ptr = head1;
    while(ptr.last.next != null)
        ptr.last = ptr.last.next;
    ptr.last.next = head2.first;
    return head1;
}
}
```

6.4 链表与多项式

使用链表的最大好处就是减少内存的浪费，并且能增加使用上的弹性。例如，数学上常用的多项式表示法虽然可使用数组方式来处理，但当数据内容变动时对数组结构的影响相当大，算法处理不易。另外，数组是静态数据结构，事先必须获取连续而且足够大的内存，容易造成存储空间上的浪费。接下来将介绍多项式以链表结构表示的相关应用，同时注意与数组的区别。

假如一个多项式 $P(x)=a_nx^n+a_{n-1}x^{n-1}+\cdots+a_1x+a_0$，则称 $P(x)$ 为一个 n 次多项式。一个多项式如果使用数组结构存储在计算机中，则有以下两种表示法。

第一种是使用一个 $n+2$ 长度的一维数组来存储，数组的第一个位置存放最大指数 n，其他位置按照指数 n 递减，按序存储相对应的系数，例如 $P(x)=12x^5+23x^4+5x^2+4x+1$，可用 A 数组来表示，例如（注意数组第一项为最高指数幂次）：

$$A=\{5,12,23,0,5,4,1\}$$

使用这种方法对于某些多项式而言太浪费空间，如 $X^{10000}+1$，需要长度为 10002 的数组来存储，

如 A={10000, 1,0,0,…,0,1}。

第二种方法是只存储多项式中的非零项。如果有 m 个非零项目，则使用 $2m+1$ 长的数组来存储每一个非零项的指数及系数，例如多项式 $P=8X^5+6X^4+3X^2+8$，可得 P={4,8,5,6,4,3,2,8,0}。注意，数组第一项为非零项的个数。

范例▶ 写出以下两个多项式的任一数组表示法。

$$A(X)=X^{100}+6X^{10}+1$$

$$B(X)=X^5+9X^3+X^2+1$$

对于 $A(X)$可以采用存储非零项次的表示法，也就是使用 $2m+1$ 长度的数组，m 表示非零项目的数目，因此 A 数组的内容为 A={3,1,100,6,10,1,0}。

$B(X)$多项式的非零项较多，因此可使用 $n+2$ 长度的一维数组，n 表示最高幂次（最高指数值），即 B={5,1,0,9,1,0,1}。

一般说来，使用数组表示法经常会出现以下的困扰：

- 多项式内容变动时，对数组结构的影响相当大，算法处理不易。
- 数组是静态数据结构，所以事先必须查找一块连续并且够大的内存空间，容易造成内存空间的浪费。

如果使用单向链表来表示多项式，就可以克服以上问题。多项式的链表表示法主要是存储非零项，并且每一项均符合如图 6-36 所示的数据结构。

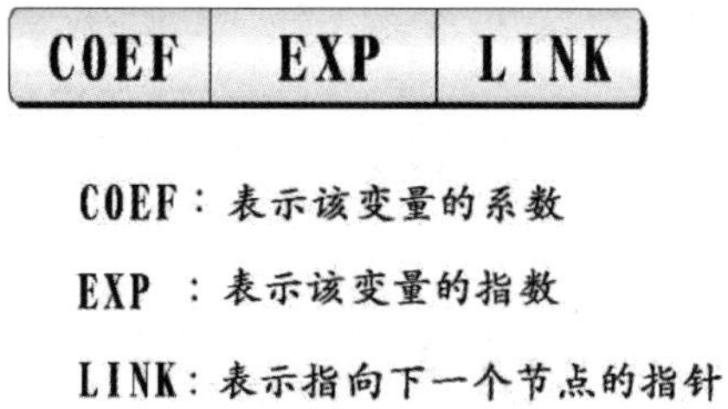

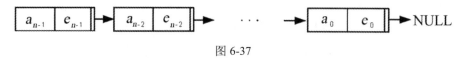

COEF
EXP
LINK
COEF：表示该变量的系数
EXP ：表示该变量的指数
LINK：表示指向下一个节点的指针

图 6-36

假设多项式有 n 个非零项，且 $P(x)=a_{n-1}x^{e_{n-1}}+a_{n-2}x^{e_{n-2}}+\cdots+a_0$，则可表示为如图 6-37 所示的链表。

NULL

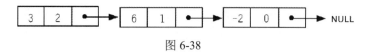

图 6-37

例如，$A(X) = 3X^2 + 6X - 2$ 的链表表示法如图 6-38 所示。

3
2
6
1
-2
0
NULL

图 6-38

多项式以单向链接方式表示的作用主要在于不同的四则运算（比如加法或减法运算）。例如，有如图 6-39 所示的两个多项式 $A(x)$、$B(x)$，求两式相加的结果 $C(x)$。

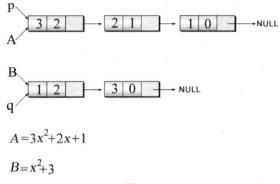

图 6-39

两个多项式相加时,基本上是从左往右逐一比较各项,比较幂次大小,指数幂次大时,将此节点加到 $C(x)$,指数幂次相同者相加,若结果非零则将此节点加到 $C(x)$,直到两个多项式的每一项都比较完毕。下面以图 6-40~图 6-42 来进行说明。

① Exp(p)=Exp(q),计算结果参考图 6-40 中的 C 链表。

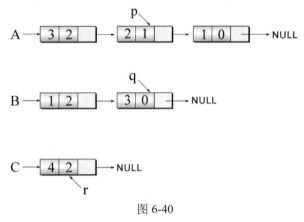

图 6-40

② Exp(p)>Exp(q),计算结果参考图 6-41 中的 C 链表。

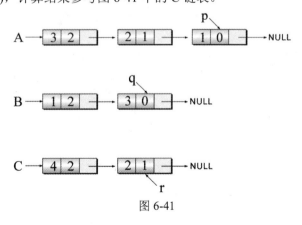

图 6-41

③ Exp(p)=Exp(q),计算结果参考图 6-42 中的 C 链表。

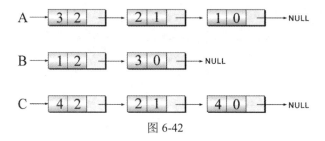

图 6-42

下面的 Java 范例程序以单向链表来实现两个多项式相加的过程，并输出最后的结果。

【范例程序：Add2.java】

```
01    // 多项式相加
02
03    import java.io.*;
04
05    class Node
06    {
07        int coef;
08        int exp;
09        Node next;
10        public Node(int coef,int exp)
11        {
12            this.coef=coef;
13            this.exp=exp;
14            this.next=null;
15        }
16    }
17
18    class PolyLinkedList
19    {
20        public Node first;
21        public Node last;
22
23        public boolean isEmpty()
24        {
25            return first==null;
26        }
27
28        public void create_link(int coef,int exp)
29        {
30            Node newNode=new Node(coef,exp);
31            if(this.isEmpty())
32            {
33                first=newNode;
34                last=newNode;
35            }
36            else
37            {
38                last.next=newNode;
39                last=newNode;
40            }
41        }
42
43        public void print_link()
44        {
45            Node current=first;
```

```
46              while(current!=null)
47              {
48                  if(current.exp==1 && current.coef!=0)   // X^1 时不显示指数
49                      System.out.print(current.coef+"X + ");
50                  else if(current.exp!=0 && current.coef!=0)
51                      System.out.print(current.coef+"X^"+current.exp+" + ");
52                  else if(current.coef!=0)                 // X^0 时不显示变量
53                      System.out.print(current.coef);
54                  current=current.next;
55              }
56              System.out.println();
57          }
58
59          public PolyLinkedList sum_link(PolyLinkedList b)
60          {
61              int sum[]=new int[10];
62              int i=0,maxnumber;
63              PolyLinkedList tempLinkedList=new PolyLinkedList();
64              PolyLinkedList a=new PolyLinkedList();
65              int tempexp[]=new int[10];
66              Node ptr;
67              a=this;
68              ptr=b.first;
69              while(a.first!=null)                    //判断多项式1
70              {
71                  b.first=ptr;                        // 重复比较A和B的指数
72                  while(b.first!=null)
73                  {
74                      if(a.first.exp==b.first.exp)    //指数相等，系数相加
75                      {
76                          sum[i]=a.first.coef+b.first.coef;
77                          tempexp[i]=a.first.exp;
78                          a.first=a.first.next;
79                          b.first=b.first.next;
80                          i++;
81                      }
82                      else if(b.first.exp > a.first.exp) //B指数较大，系数给C
83                      {
84                          sum[i]=b.first.coef;
85                          tempexp[i]=b.first.exp;
86                          b.first=b.first.next;
87                          i++;
88                      }
89                      else if(a.first.exp > b.first.exp) //A指数较大，系数给C
90                      {
91                          sum[i]=a.first.coef;
92                          tempexp[i]=a.first.exp;
93                          a.first=a.first.next;
94                          i++;
95                      }
96              } // end of inner while loop
97          } // end of outer while loop
98          maxnumber=i-1;
99          for (int j=0;j<maxnumber+1;j++)
     tempLinkedList.create_link(sum[j],maxnumber-j);
100             return tempLinkedList;
101     } // end of sum_link
102 } // end of class PolyLinkedList
```

```
103
104    public class Add2
105    {
106        public static void main(String args[]) throws IOException
107        {
108            PolyLinkedList a=new PolyLinkedList();
109            PolyLinkedList b=new PolyLinkedList();
110            PolyLinkedList c=new PolyLinkedList();
111
112            int data1[]={8,54,7,0,1,3,0,4,2};          //多项式A的系数
113            int data2[]={-2,6,0,0,0,5,6,8,6,9};        //多项式B的系数
114            System.out.print("原始多项式为：\nA=");
115
116            for(int i=0;i<data1.length;i++)
117                a.create_link(data1[i],data1.length-i-1);  //建立多项式A，指数从8
    递减
118
119            for(int i=0;i<data2.length;i++)
120                b.create_link(data2[i],data2.length-i-1);  //建立多项式B，指数从9
    递减
121
122            a.print_link();                    //打印多项式A
123            System.out.print("B=");
124            b.print_link();                    //打印多项式B
125            System.out.print("多项式相加的结果为：\nC=");
126            c=a.sum_link(b);                   //C为A、B多项式相加的结果
127            c.print_link();                    //打印多项式C
128        }
129    }
```

【执行结果】参考图6-43。

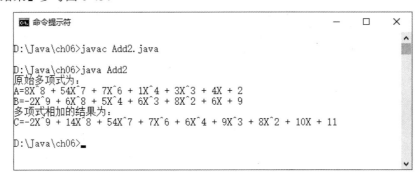

图6-43

课后习题

1. 什么是转置矩阵？试简单举例说明。
2. 在单向链表类型的数据结构中，根据所删除节点的位置会有哪3种不同的情形？

第 7 章

安全性算法

网络已成为我们日常生活中不可或缺的一部分,信息可通过网络来互通共享,不过部分信息可公开,部分信息则属于机密。网络设计的目的是提供信息、数据和文件的自由交换,不过网络交易确实存在很多风险,因为因特网的成功远远超过了设计者的预期,它除了带给人们许多便利外,也带来了许多安全上的问题,如图 7-1 所示。

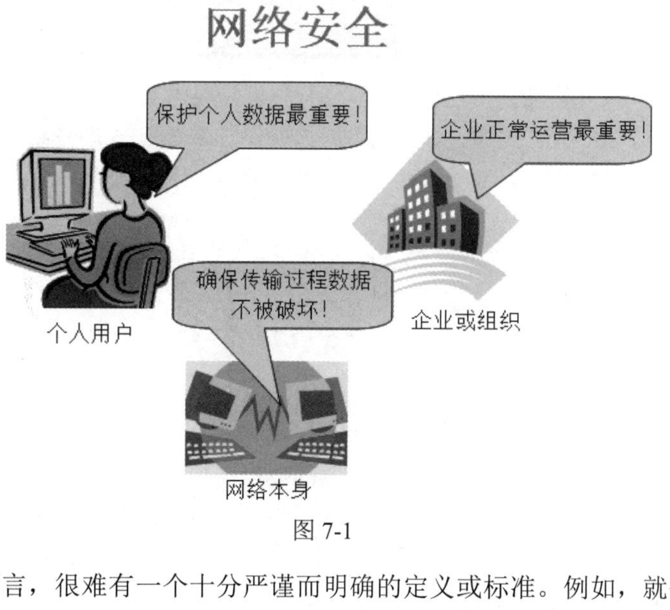

图 7-1

对于信息安全而言,很难有一个十分严谨而明确的定义或标准。例如,就个人用户而言,只是代表在因特网上浏览时个人数据或信息不被窃取或破坏,不过对于企业或组织而言,可能就代表着进行电子交易时的安全考虑与不法黑客的入侵等。简单来说,信息安全(Information Security)必须具备如图 7-2 所示的 4 个特性。

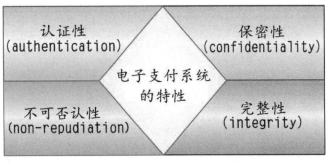

图 7-2

- **保密性（confidentiality）**：表示交易相关信息或数据必须保密，当信息或数据传输时，除了被授权的人外，要确保信息或数据在网络上不会遭到拦截、偷窥而泄露信息或数据的内容，损害其保密性。
- **完整性（integrity）**：表示当信息或数据送达时，必须保证该信息或数据没有被篡改，如果遭篡改，那么这条信息或数据就会无效。例如，由甲端传至乙端的信息或数据，乙端在收到时立刻就会知道这条信息或数据是否完整无误。
- **认证性（authentication）**：表示当传送方送出信息或数据时，支付系统必须能确认传送者的身份是否为冒名。例如，传送方无法冒名传送信息或数据，持卡人、商家、发卡行、收单行和支付网关都必须申请数字证书进行身份识别。
- **不可否认性（non-repudiation）**：表示保证用户无法否认他所实施过的信息或数据传送行为的一种机制，必须不易被复制和修改，就是无法否认其传送、接收信息或数据的行为。例如，收到付款不能说没收到，同样，下单购物了不能否认其购买过。

国际标准制定机构英国标准协会（British Standards Institution，BSI）曾经于 1995 年提出了 BS 7799 信息安全管理系统，最近的一次修订已于 2005 年完成，并经国际标准化组织（International Standards Organization，ISO）正式通过，成为 ISO 27001 信息安全管理系统要求标准，为目前国际公认最完整的信息安全管理标准，可以帮助企业与机构在高度网络化的开放服务环境中鉴别、管理和减少信息所面临的各种风险。

7.1 数据加密

未经加密处理的商业数据或文字资料在网络上进行传输时，任何"有心人士"都能够随手取得，并且一览无遗。因此，在网络上，对于有价值的数据在传送前必须先将原始的数据内容以事先定义好的算法、表达式或编码方法转换成不具任何意义或者不能直接辨读的代码，这个处理过程就是"加密"（Encrypt）。数据在加密前称为"明文"（Plaintext），经过加密后则称为"密文"（Ciphertext）。

经过加密的数据在送抵目的端之后必须经过"解密"（Decrypt）的过程才能将数据还原成原来的内容，在这个过程中用于加密和解密的"密码"称为"密钥"（Key）。

数据加密和解密的流程如图 7-3 所示。

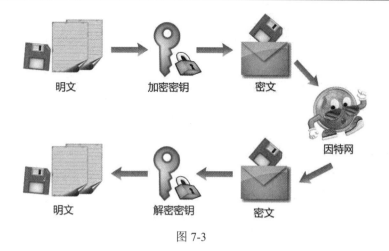

图 7-3

7.1.1 对称密钥加密系统

"对称密钥加密"(Symmetrical Key Encryption)又称为"单密钥加密"(Single Key Encryption)。这种加密方法的工作方式是发送端与接收端拥有共同的加密和解密的钥匙,这个共同的钥匙被称为密钥(Secret Key)。这种加解密系统的工作方式是:发送端使用密钥将明文加密成密文,使文件看上去像一堆"乱码",再将密文进行传送;接收端在收到这个经过加密的密文后,使用同一把密钥将密文还原成明文。因此,使用对称加密法不但可以为文件加密,而且能达到验证发送者身份的作用。因为如果用户 B 能用这一组密码解开文件,就能确定这份文件是由用户 A 加密后传送过来的。对称密钥加密系统进行加密和解密的过程如图 7-4 所示。

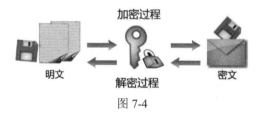

图 7-4

这种加密系统的工作方式较为直截了当,因此在加密和解密上的处理速度都相当快。常见的对称密钥加密系统算法有 DES(Data Encryption Standard,数据加密标准)、Triple DES、IDEA(International Data Encryption Algorithm,国际数据加密算法)等。

7.1.2 非对称密钥加密系统与 RSA 算法

"非对称密钥加密"是目前较为普遍,也是金融界应用上最安全的加密方法,也被称为"双密钥加密"(Double Key Encryption)或公钥(Public Key)加密。这种加密系统主要的工作方式是使用两把不同的密钥——"公钥"(Public Key)与"私钥"(Private Key)进行加解密。"公钥"可在网络上自由公开用于加密过程,但必须使用"私钥"才能解密,"私钥"必须由私人妥善保管。例如,用户 A 要传送一份新的文件给用户 B,用户 A 会使用用户 B 的公钥来加密,并将密文发送给用户 B；当用户 B 收到密文后，会使用自己的私钥来解密，过程如图 7-5 所示。

RSA（Rivest-Shamir-Adleman）加密算法是一种非对称加密算法，在 RSA 算法之前，加密算法基本都是对称的。非对称加密算法使用了两把不同的密钥，一把叫公钥，另一把叫私钥，它是在 1977 年由罗纳德·李维斯特（Ron Rivest）、阿迪·萨莫尔（Adi Shamir）和伦纳德·阿德曼（Leonard Adleman）一起提出的，RSA 就是由他们三人姓氏的开头字母所组成的。

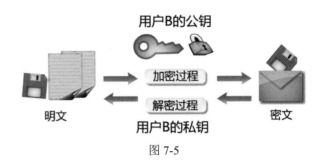

图 7-5

RSA 加解密速度比"对称密钥加解密"速度要慢，方法是随机选出超大的两个质数 p 和 q，使用这两个质数作为加密与解密的一对密钥，密钥的长度一般为 40 比特到 1024 比特之间。当然，为了提高加密的强度，现在有的系统使用的 RSA 密钥的长度高达 4096 比特，甚至更高。在加密的应用中，这对密钥中的公钥用来加密，私钥用来解密，而且只有私钥可以用来解密。在进行数字签名的应用中，则是用私钥进行签名。要破解以 RSA 加密的数据，在一定时间内几乎是不可能的，因此这是一种十分安全的加解密算法，特别是在电子商务交易市场被广泛使用。例如，著名的信用卡公司 VISA 和 MasterCard 在 1996 年共同制定并发表了"安全电子交易协议"（Secure Electronic Transaction，SET），陆续获得 IBM、Microsoft、HP 及 Compaq 等软硬件大公司的支持，SET 安全机制采用非对称密钥加密系统的编码方式，即采用著名的 RSA 加密算法。

7.1.3 认证

在数据传输过程中，为了避免用户 A 发送数据后否认，或者有人冒用用户 A 的名义传送数据而用户 A 本人不知道，可以对数据进行认证。后来衍生出了第三种加密方式，结合了对称加密和非对称加密。首先以用户 B 的公钥加密，接着使用用户 A 的私钥做第二次加密，当用户 B 收到密文后，先以 A 的公钥进行解密，此举可确认信息是由 A 发送的，再使用 B 的私钥进行解密，如果能解密成功，就可确保信息传递的保密性，这就是所谓的"认证"，整个过程如图 7-6 所示。认证的机制看似完美，但是使用非对称密钥进行加解密运算时，计算量非常大，对于大数据量的传输工作而言是个沉重的负担。

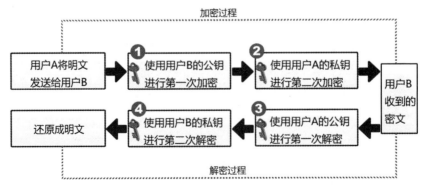

图 7-6

7.1.4 数字签名

在日常生活中，签名或盖章往往是个人或机构对某些承诺或文件承担法律责任的一种署名。在网络世界中，"数字签名"（Digital Signature）是属于个人或机构的一种"数字身份证"，可以用来对数据发送者的身份进行鉴别。

"数字签名"的工作方式是以公钥和哈希函数互相搭配使用的，用户 A 先将明文的 M 以哈希函数计算出哈希值 H，再用自己的私钥对哈希值 H 加密，加密后的内容即为"数字签名"。最后将明文与数字签名一起发送给用户 B。由于这个数字签名是以 A 的私钥加密的，且该私钥只有 A 才有，因此该数字签名可以代表 A 的身份。由于数字签名机制具有发送者不可否认的特性，因此能够用来确认文件发送者的身份，使其他人无法伪造发送者的身份。数字签名的过程如图 7-7 所示。

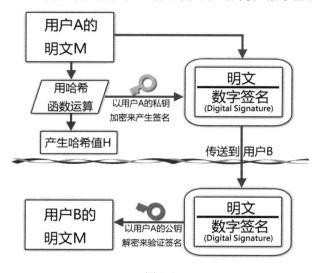

图 7-7

> **提 示**
>
> 哈希函数（Hash Function）是一种保护数据完整性的方法，对要保护的数据进行运算，得到一个"哈希值"，接着将要保护的数据与它的哈希值一同传送。

想要使用数字签名，必须先向认证中心（Certification Authority，CA）申请数字证书（Digital Certificate），它可以用来认证公钥为某人所有以及信息发送者的不可否认性。认证中心所签发的数字签名就包含在数字证书上。通常，每一家认证中心的申请过程都不完全相同，只要用户按照网页上的指引步骤操作即可顺利完成申请。

> **提 示**
>
> 认证中心为一个具有公信力的第三者，主要负责证书的申请和注册、证书的签发和废止等管理服务。中国国内知名的证书管理中心如下：
> 中国金融认证中心：http://www.cfca.com.cn/。
> 北京数字认证股份有限公司：http://www.bjca.org.cn/。

7.2 哈希算法

哈希算法是使用哈希函数计算一个键值所对应的地址,进而建立哈希表,并依靠哈希函数来查找各键值存放在哈希表中的地址,查找的速度与数据多少无关,在没有碰撞和溢出的情况下,一次即可查找成功,这种方法还具有保密性高的优点,因为事先不知道哈希函数就无法查找。

选择哈希函数时,要特别注意不宜过于复杂,设计原则上至少必须符合计算速度快和碰撞频率尽量小两个特点。常见的哈希算法有除留余数法、平方取中法、折叠法和数字分析法。

7.2.1 除留余数法

最简单的哈希函数是将数据除以某一个常数后,取余数作为索引。例如,在一个有 13 个位置的数组中,只使用到 7 个地址,值分别是 12、65、70、99、33、67、48。我们可以把数组内的值除以 13,并以其余数作为数组的下标(索引)。可以用以下式子表示:

```
h(key) = key mod B
```

在这个例子中,我们所使用的 B 为 13。一般而言,建议大家在选择 B 时最好是用质数。上例所建立出来的哈希表如表 7-1 所示。

表 7-1 所建立的哈希表

索引	数据
0	65
1	
2	67
3	
4	
5	70
6	
7	33
8	99
9	48
10	
11	
12	12

下面我们将用除留余数法作为哈希函数,将下列数字存储在 11 个空间:323、458、25、340、28、969、77。

令哈希函数为 h(key) = key mod B,其中 B=11 为一个质数,这个函数的计算结果介于 0~10 之间(包括 0 和 10 这两个数),所以 h(323)=4、h(458)=7、h(25)=3、h(340)=10、h(28)=6、h(969)=1、h(77)=0。由此建立的哈希表如表 7-2 所示。

表 7-2 所建立的哈希表

索引	数据
0	77
1	969
2	
3	25
4	323
5	
6	28
7	458
8	
9	
10	340

7.2.2 平方取中法

平方取中法和除留余数法相当类似，就是先计算数据的平方，之后取中间的某段数字作为索引。在下例中，我们用平方取中法计算，将数据存放在 100 个地址空间中，其操作步骤如下：

将 12、65、70、99、33、67、51 取平方后如下：

144、4225、4900、9801、1089、4489、2601

再取百位数和十位数作为键值，分别如下：

14、22、90、80、08、48、60

上述 7 个数字的数列对应于原先的 7 个数（12、65、70、99、33、67、51）存放在 100 个地址空间的索引键值，即

$f(14) = 12$
$f(22) = 65$
$f(90) = 70$
$f(80) = 99$
$f(8) = 33$
$f(48) = 67$
$f(60) = 51$

若实际空间介于 0~9 之间（10 个空间），取百位数和十位数的值介于 0~99 之间（共有 100 个空间），则我们必须将平方取中法第一次所求得的键值再压缩 1/10 才可以将 100 个可能产生的值对应到 10 个空间，即将每一个键值除以 10 取整数（以 DIV 运算符作为取整数的除法），可以得到下列对应关系：

$f(14\ \text{DIV}\ 10)=12$　　　　　　$f(1)=12$
$f(22\ \text{DIV}\ 10)=65$　　　　　　$f(2)=65$

f(90 DIV 10)=70   *f*(9)=70
f(80 DIV 10)=99   →   *f*(8)=99
f(8 DIV 10) =33   *f*(0)=33
f(48 DIV 10)=67   *f*(4)=67
f(60 DIV 10)=51   *f*(6)=51

7.2.3 折叠法

折叠法是将数据转换成一串数字后，先将这串数字拆成几部分，再把它们加起来，就可以计算出这个键值的 Bucket Address（桶地址）。例如，有一个数据转换成数字后为 2365479125443，若以每 4 个数字为一个部分，则可拆为 2365、4791、2544、3。将这 4 组数字加起来后即为索引值。

```
  2365
  4791
  2544
+    3
  9703 → 桶地址
```

在折叠法中有两种做法。一种是像上例那样直接将每一部分相加所得的值作为其桶地址，这种做法称为"移动折叠法"。哈希法的设计原则之一是降低碰撞，如果希望降低碰撞，就可以将上述数字中的奇数位段或偶数位段反转后再相加，以取得其桶地址，这种改进后的做法称为"边界折叠法（Folding At The Boundaries）"。

还是以上面的数字为例，请看下面的说明。

情况一：将偶数位段反转

```
  2365（第 1 位段是奇数位段，故不反转）
  1974（第 2 位段是偶数位段，故要反转）
  2544（第 3 位段是奇数位段，故不反转）
+    3（第 4 位段是偶数位段，故要反转）
  6886 → 桶地址
```

情况二：将奇数位段反转

```
  5632（第 1 位段是奇数位段，故要反转）
  4791（第 2 位段是偶数位段，故不反转）
  4452（第 3 位段是奇数位段，故要反转）
+    3（第 4 位段是偶数位段，故不反转）
 14878 → 桶地址
```

7.2.4 数字分析法

数字分析法适用于数据不会更改且为数字类型的静态表。在决定哈希函数时，先逐一检查数据的相对位置和分布情况，将重复性高的部分删除。例如，图 7-8 左图这个电话号码表是相当有规则性的，除了区码全部是 080 外（注意：此区号仅用于举例，表中的电话号码也不是实际的），中间 3 个数字的变化不大，假设地址空间的大小 $m=999$，我们必须从这些数字中提取适当的数字，即数字不要太集中，分布范围较为平均（或称随机度高），最后决定提取最后 4 个数字的末尾 3 个，故最后得到的哈希表如图 7-8 右图所示。

电话
080-772-2234
080-772-4525
080-774-2604
080-772-4651
080-774-2285
080-772-2101
080-774-2699
080-772-2694

索引	电话
234	080-772-2234
525	080-772-4525
604	080-774-2604
651	080-772-4651
285	080-774-2285
101	080-772-2101
699	080-774-2699
694	080-772-2694

图 7-8

大家可以发现哈希函数并没有一定的规则可寻，可能使用其中的某一种方法，也可能同时使用好几种方法，所以哈希函数常常被用来处理数据的加密和压缩。

7.3 碰撞与溢出处理

在哈希法中，当键对应的值（或标识符）要放入哈希表的某个 Bucket（桶）中时，若该 Bucket 已经满了，则会发生溢出（Overflow）。哈希法的理想情况是所有数据经过哈希函数运算后都得到不同的值，不过现实情况是，即使要存入哈希表的记录中的所有关键字段的值都不相同，经过哈希函数的计算还是可能得到相同的地址，于是就发生了碰撞（Collision）问题。因此，如何在碰撞后处理溢出的问题就显得相当重要。下面介绍常见的处理算法。

7.3.1 线性探测法

线性探测法是当发生碰撞时，如果该索引对应的存储位置已有数据，就以线性的方式往后寻找空的存储位置，一旦找到空的位置，就把数据放进去。线性探测法通常把哈希的位置视为环状结构，如此一来，如果后面的位置已被填满而前面还有位置时，就可以将数据放到前面，如图 7-9 所示。

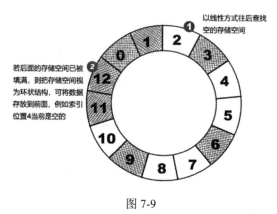

图 7-9

Java 的线性探测算法：

```
public static void creat_table(int num,int index[])    //创建哈希表子程序
{
    int tmp;
    tmp=num%INDEXBOX;                //哈希函数=数据%INDEXBOX
    while(true)
    {
        if(index[tmp]==-1)           //如果数据对应的位置是空的
        {
            index[tmp]=num;          //则直接存入数据
            break;
        }
        else
            tmp=(tmp+1)%INDEXBOX;    //否则往后找位置存放
    }
}
```

下面的 Java 范例程序通过调用除留余数法的哈希函数获取索引值，再以线性探测法来存储数据。

【范例程序：Linear.java】

```
01    // 线性探测法
02
03    import java.io.*;
04    import java.util.*;
05    public class Linear extends Object
06    {
07        final static int INDEXBOX=10;         //哈希表最大元素
08        final static int MAXNUM=7;            //最大的数据个数
09        public static void main(String args[]) throws IOException
10        {
11            int i;
12            int index[]=new int[INDEXBOX];
```

```java
13              int data[]=new int[MAXNUM];
14              Random rand=new Random();
15              System.out.print("原始数组值：\n");
16              for(i=0;i<MAXNUM;i++)          //起始数据值
17                  data[i]=(Math.abs(rand.nextInt(20)))+1;
18              for(i=0;i<INDEXBOX;i++)        //清除哈希表
19                  index[i]=-1;
20              print_data(data,MAXNUM);       //打印输出起始数据
21              System.out.print("哈希表内容：\n");
22              for(i=0;i<MAXNUM;i++)          //建立哈希表
23              {
24                  creat_table(data[i],index);
25                  System.out.print(" "+data[i]+" =>");  //打印单个元素的哈希表位置
26                  print_data(index,INDEXBOX);
27              }
28              System.out.print("完成的哈希表：\n");
29              print_data(index,INDEXBOX);    //打印输出最后完成的结果
30          }
31
32          public static void print_data(int data[],int max)  //打印输出数组子程序
33          {
34              int i;
35              System.out.print("\t");
36              for(i=0;i<max;i++)
37                  System.out.print("["+data[i]+"] ");
38              System.out.print("\n");
39          }
40
41          public static void creat_table(int num,int index[])  //建立哈希表子程序
42          {
43              int tmp;
44              tmp=num%INDEXBOX;                //哈希函数=数据%INDEXBOX
45              while(true)
46              {
47                  if(index[tmp]==-1)           //如果数据对应的位置是空的
48                  {
49                      index[tmp]=num;          //则直接存入数据
50                      break;
51                  }
52                  else
53                      tmp=(tmp+1)%INDEXBOX;    //否则往后找位置存放
54              }
55          }
56      }
```

【执行结果】参考图 7-10。

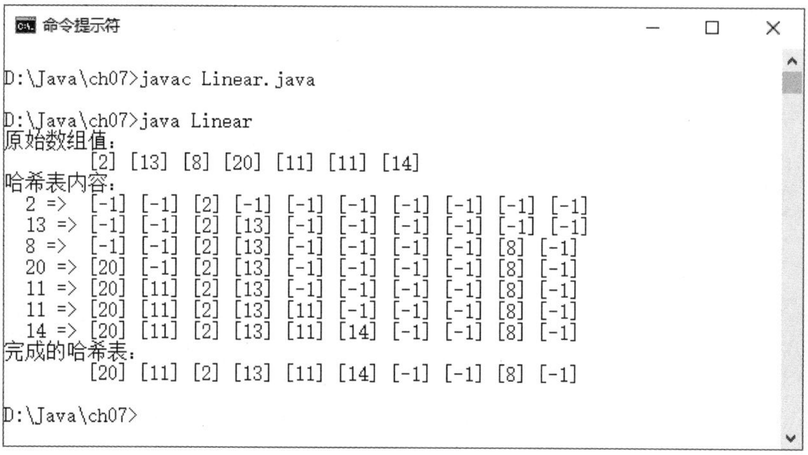

```
D:\Java\ch07>javac Linear.java

D:\Java\ch07>java Linear
原始数组值：
    [2] [13] [8] [20] [11] [11] [14]
哈希表内容：
  2 =>  [-1] [-1] [2] [-1] [-1] [-1] [-1] [-1] [-1] [-1]
 13 =>  [-1] [-1] [2] [13] [-1] [-1] [-1] [-1] [-1] [-1]
  8 =>  [-1] [-1] [2] [13] [-1] [-1] [-1] [-1] [8] [-1]
 20 =>  [20] [-1] [2] [13] [-1] [-1] [-1] [-1] [8] [-1]
 11 =>  [20] [11] [2] [13] [-1] [-1] [-1] [-1] [8] [-1]
 11 =>  [20] [11] [2] [13] [11] [-1] [-1] [-1] [8] [-1]
 14 =>  [20] [11] [2] [13] [11] [14] [-1] [-1] [8] [-1]
完成的哈希表：
        [20] [11] [2] [13] [11] [14] [-1] [-1] [8] [-1]

D:\Java\ch07>
```

图 7-10

7.3.2 平方探测法

线性探测法有一个缺点，就是相当类似的键值经常会聚集在一起，因此可以考虑以平方探测法来加以改善。在平方探测中，当溢出发生时，下一次查找的地址是 $(f(x)+i^2)$ mod B 与 $(f(x)-i^2)$ mod B，即让数据值加或减 i 的平方，例如数据值为 key、哈希函数为 f：

第一次寻找：$f(\text{key})$
第二次寻找：$(f(\text{key})+1^2)\%B$
第三次寻找：$(f(\text{key})-1^2)\%B$
第四次寻找：$(f(\text{key})+2^2)\%B$
第五次寻找：$(f(\text{key})-2^2)\%B$
……
第 n 次寻找：$(f(\text{key})\pm((B-1)/2)^2)\%B$
其中，B 必须为 $4j+3$ 型的质数，且 $1 \leq i \leq (B-1)/2$。

7.3.3 再哈希法

再哈希就是一开始先设置一系列哈希函数，如果使用第一种哈希函数出现溢出，就改用第二种，如果第二种也出现溢出，就改用第三种，一直到没有发生溢出为止。例如，h_1 为 key%11，h_2 为 key*key，h_3 为 key*key%11，等等。

下面使用再哈希处理数据碰撞的问题：

681，467，633，511，100，164，472，438，445，366，118；

其中，哈希函数为（此处 m=13）：

- $f_1 = h(\text{key}) = \text{key MOD } m$

- $f_2 = h(\text{key}) = (\text{key}+2)\ \text{MOD}\ m$
- $f_3 = h(\text{key}) = (\text{key}+4)\ \text{MOD}\ m$

说明如下：

（1）使用第一种哈希函数 $h(\text{key})= \text{key MOD}\ 13$，所得的哈希地址如下：

```
681 -> 5
467 -> 12
633 -> 9
511 -> 4
100 -> 9
164 -> 8
472 -> 4
438 -> 9
445 -> 3
366 -> 2
118 -> 1
```

（2）其中，100、472、438 都发生碰撞，再使用第二种哈希函数 $h(\text{value}+2) = (\text{value}+2)\ \text{MOD}\ 13$，进行数据的地址安排：

```
100 -> h(100+2)=102 mod 13=11
472 -> h(472+2)=474 mod 13=6
438 -> h(438+2)=440 mod 13=11
```

（3）438 仍发生碰撞问题，故接着使用第三种哈希函数 $h(\text{value}+4)= (438+4)\ \text{MOD}\ 13$，重新进行 438 地址的安排：

```
438 -> h(438+4)=442 mod 13=0
```

经过三次再哈希后，数据的地址安排如表 7-3 所示。

表 7-3　数据的地址安排

位置	数据
0	438
1	118
2	366
3	445
4	511
5	681
6	472
7	NULL
8	164
9	633
10	NULL
11	100
12	467

7.3.4 链表

将哈希表的所有空间建立 n 个链表,最初的默认值只有 n 个链表头。如果发生溢出就把相同地址的键值连接在链表头的后面,形成一个键表,直到所有的可用空间全部用完为止,如图 7-11 所示。

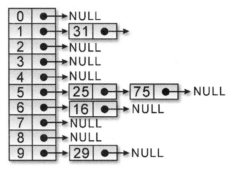

图 7-11

以 Java 语言描述的再哈希(使用链表)算法如下:

```
public static void creat_table(int val)    //创建哈希表子程序
{
    Node newnode=new Node(val);
    int hash;
    hash=val%7;                             //哈希函数除以 7 取余数
    Node current=indextable[hash];
    if (current.next==null)
        indextable[hash].next=newnode;
    else
        while(current.next!=null)  current=current.next;
    current.next=newnode;                   //将节点加入链表
}
```

下面的 Java 范例程序使用链表来进行再哈希的处理。

【范例程序:Rehash.java】

```
01   //  再哈希(使用链表)
02
03   import java.io.*;
04   import java.util.*;
05
06   class Node
07   {
08       int val;
09       Node next;
10       public Node(int val)
11       {
12           this.val=val;
13           this.next=null;
14       }
```

```java
15      }
16
17   public class Rehash extends Object
18   {
19       final static int INDEXBOX=7;      //哈希表最大元素
20       final static int MAXNUM=13;       //最大的数据个数
21       static Node indextable[]=new Node[INDEXBOX];  //声明动态数组
22
23       public static void main(String args[]) throws IOException
24       {
25           int i;
26           int index[]=new int[INDEXBOX];
27           int data[]=new int[MAXNUM];
28           Random rand=new Random();
29           for(i=0;i<INDEXBOX;i++)
30               indextable[i]=new Node(-1);  //清除哈希表
31           System.out.print("原始数据: \n\t");
32           for(i=0;i<MAXNUM;i++)            //起始数据值
33           {
34               data[i]=(Math.abs(rand.nextInt(30)))+1;
35               System.out.print("["+data[i]+"]");
36               if(i%8==7)
37                   System.out.print("\n\t");
38           }
39           System.out.print("\n 哈希表: \n");
40           for(i=0;i<MAXNUM;i++)
41               Rehash.creat_table(data[i]);      //建立哈希表
42           for(i=0;i<INDEXBOX;i++)
43               Rehash.print_data(i);             //打印输出哈希表
44           System.out.print("\n");
45       }
46
47       public static void creat_table(int val)   //建立哈希表子程序
48       {
49           Node newnode=new Node(val);
50           int hash;
51           hash=val%7;                           //哈希函数除以7取余数
52           Node current=indextable[hash];
53           if (current.next==null) indextable[hash].next=newnode;
54           else while(current.next!=null)  current=current.next;
55           current.next=newnode;                 //将节点加入链表
56       }
57
58       public static void print_data(int val)    //打印输出哈希表子程序
59       {
60           Node head;
61           int i=0;
62           head=indextable[val].next;            //起始指针
63           System.out.print("   "+val+": \t");   //索引地址
64           while(head!=null)
65           {
66               System.out.print("["+head.val+"]-");
67               i++;
68               if(i%8==7)                        //控制长度
69                   System.out.print("\n\t");
70               head=head.next;
71           }
```

```
72              System.out.print("\n");              //清除最后一个"-"符号
73          }
74      }
```

【执行结果】参考图 7-12。

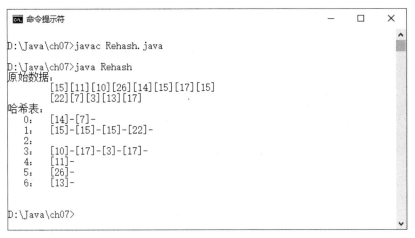

图 7-12

在前一个范例程序 Rehash.java 中已经把原始数据值存放在哈希表中,如果现在要查找一个数据,只需将它先经过哈希函数的处理后,直接到索引值对应的链表中查找,如果没有找到,就表示数据不存在。如此一来可大幅减少读取数据和进行数据对比的次数,甚至可能第一次的读取和对比就能找到想要找的数据。下面的 Java 范例程序加入了查找的功能,并打印出对比的次数。

【范例程序:Search.java】

```
01    // 使用哈希法快速建立哈希表并查找数据
02
03    import java.io.*;
04    import java.util.*;
05
06    class Node
07    {
08        int val;
09        Node next;
10        public Node(int val)
11        {
12            this.val=val;
13            this.next=null;
14        }
15    }
16
17    public class Search extends Object
18    {
19        final static int INDEXBOX=7;          //哈希表最大元素
20        final static int MAXNUM=13;           //最大的个数
21        static Node indextable[]=new Node[INDEXBOX];  //声明动态数组
22
23        public static void main(String args[]) throws IOException
24        {
25            int i,num;
```

```
26              int index[]=new int[INDEXBOX];
27              int data[]=new int[MAXNUM];
28              Random rand=new Random();
29              BufferedReader keyin=new BufferedReader(new InputStreamReader
        (System.in));
30              for(i=0;i<INDEXBOX;i++)
31                  indextable[i]=new Node(-1);   //清除哈希表
32              System.out.print("原始数据：\n\t");
33              for(i=0;i<MAXNUM;i++)                    //起始数据值
34              {
35                  data[i]=(Math.abs(rand.nextInt(30)))+1;
36                  System.out.print("["+data[i]+"]");
37                  if(i%8==7)
38                      System.out.print("\n\t");
39              }
40              for(i=0;i<MAXNUM;i++)
41                  Search.creat_table(data[i]);           //建立哈希表
42              System.out.println();
43              while(true)
44              {
45                  System.out.print("请输入查找数据(1-30)，结束请输入-1：");
46                  num=Integer.parseInt(keyin.readLine());
47                  if(num==-1)
48                      break;
49                  i=Search.findnum(num);
50                  if(i==0)
51                      System.out.print("#####没有找到 "+num+" #####\n");
52                  else
53                      System.out.print("找到 "+num+"，共找了 "+i+" 次!\n");
54              }
55              System.out.print("\n 哈希表：\n");
56              for(i=0;i<INDEXBOX;i++)
57                  Search.print_data(i);                  //打印输出哈希表
58              System.out.print("\n");
59          }
60
61      public static void creat_table(int val)       //建立哈希表子程序
62      {
63          Node newnode=new Node(val);
64          int hash;
65          hash=val%7;                                //哈希函数除以 7 取余数
66          Node current=indextable[hash];
67          if (current.next==null) indextable[hash].next=newnode;
68          else while(current.next!=null)  current=current.next;
69          current.next=newnode;                      //将节点加入链表
70      }
71
72      public static void print_data(int val)        //打印输出哈希表子程序
73      {
74          Node head;
75          int i=0;
76          head=indextable[val].next;                 //起始指针
77          System.out.print("   "+val+": \t");        //索引地址
78          while(head!=null)
79          {
80              System.out.print("["+head.val+"]-");
81              i++;
```

```
82              if(i%8==7)                          //控制长度
83                  System.out.print("\n\t");
84              head=head.next;
85          }
86          System.out.print(" \n");                //清除最后一个"-"符号
87      }
88
89      public static int findnum(int num)          //哈希查找子程序
90      {
91          Node ptr;
92          int i=0,hash;
93          hash=num%7;
94          ptr=indextable[hash].next;
95          while(ptr!=null)
96          {
97              i++;
98              if(ptr.val==num)
99                  return i;
100             else
101                 ptr=ptr.next;
102         }
103         return 0;
104     }
105 }
```

【执行结果】参考图 7-13。

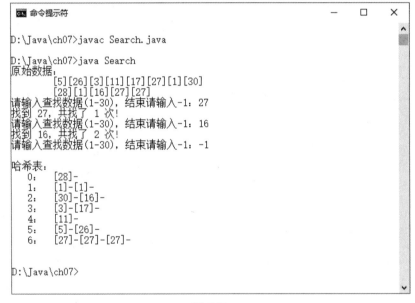

图 7-13

课后习题

1. 信息安全必须具备哪 4 种特性，试简要说明。
2. 简述"加密"与"解密"。

3. 说明"对称密钥加密"与"非对称密钥加密"二者的差异。

4. 简要介绍 RSA 算法。

5. 简要说明数字签名。

6. 用哈希法将 101、186、16、315、202、572、463 存放在 0, 1, …, 6 的 7 个位置。若要存入 1000 开始的 11 个位置，应该如何存放？

7. 什么是哈希函数？试以除留余数法和折叠法并以 7 位电话号码作为数据进行说明。

8. 试简述哈希查找与一般查找技巧有什么不同。

9. 什么是完美哈希？在哪种情况下可以使用？

10. 采用哪一种哈希函数可以把整数集合 {74, 53, 66, 12, 90, 31, 18, 77, 85, 29} 存入数组空间为 10 的哈希表不会发生碰撞？

第 8 章

堆栈与队列算法

堆栈结构在计算机领域中的应用相当广泛,常用于计算机程序的运行,例如递归调用、子程序的调用。在日常生活中的应用也随处可以看到,例如大楼的电梯(见图8-1)、货架上的商品等,其原理都类似于堆栈这样的数据结构。

队列在计算机领域中的应用相当广泛,例如计算机的模拟(Simulation)、CPU 的作业调度(Job Scheduling)、外围设备联机并发处理系统的应用以及图遍历的广度优先搜索法(BFS)。

堆栈与队列都是抽象数据类型。本章将为大家介绍相关的算法,首先介绍堆栈在 Java 程序设计中的两种设计方式:数组结构与链表结构。

图 8-1

8.1 以数组来实现堆栈

以数组结构来实现堆栈的好处是设计的算法都相当简单。不过,如果堆栈本身的大小是变动的,而数组大小只能事先规划和声明好,那么数组规划太大会浪费空间,规划太小则不够用,这是以数组来实现堆栈的缺点。

用 Java 语言以数组来实现堆栈操作的相关算法如下:

```
//类方法:empty
//判断堆栈是否为空堆栈,如果是就返回true,不是则返回false
public boolean empty() {
    if (top==-1)
        return true;
    else
        return false;
}
```

```
//类方法: push
//将指定的数据压入堆栈
public boolean push(int data) {
    if (top>=stack.length) {  //判断堆栈顶端的指针是否大于数组大小
        System.out.println("堆栈已满,无法再压入");
        return false;
    }
    else {
        stack[++top]=data;  //将数据压入堆栈
        return true;
    }
}
```

```
//类方法: pop
//从堆栈弹出数据
public int pop() {
    if(empty())  //判断堆栈是否为空,如果是则返回-1
        return -1;
    else
        return stack[top--];  //先将数据弹出,再将堆栈指针往下移
}
```

使用数组结构来设计一个 Java 程序,并使用循环来控制准备压入或弹出的元素,并仿真堆栈的各种操作,其中必须包括压入(push)与弹出(pop)函数,最后还要输出堆栈内所有的元素。

【范例程序:Stack01.java】

```
01    // 用数组模拟堆栈
02
03    import java.io.*;
04
05    class StackByArray {  //以数组模拟堆栈的类声明
06        private int[] stack;  //在类中声明数组
07        private int top;   //指向堆栈顶端的指针
08        //StackByArray 类构造函数
09        public StackByArray(int stack_size) {
10            stack=new int[stack_size];  //建立数组
11            top=-1;
12        }
13        //类方法: push
14        //把指定的数据压入堆栈顶端
15        public boolean push(int data) {
16            if (top>=stack.length) {  //判断堆栈顶端的指针是否大于数组大小
17                System.out.println("堆栈已满,无法再压入");
18                return false;
19            }
20            else {
21                stack[++top]=data;  //将数据压入堆栈
22                return true;
23            }
24        }
25        //类方法: empty
```

```
26      //判断堆栈是否为空堆栈，是就返回true，不是则返回false
27      public boolean empty() {
28          if (top==-1) return true;
29          else         return false;
30      }
31      //类方法：pop
32      //从堆栈弹出数据
33      public int pop() {
34          if(empty())  //判断堆栈是否为空的，如果是就返回-1
35              return -1;
36          else
37              return stack[top--];  //先将数据弹出，再将堆栈指针往下移
38      }
39  }
40  //基类的声明
41  public class Stack01 {
42      public static void main(String args[]) throws IOException {
43          BufferedReader buf;
44          int value;
45          StackByArray stack =new StackByArray(10);
46          buf=new BufferedReader(new InputStreamReader(System.in));
47          System.out.println("请按序输入10个数据：");
48          for (int i=0;i<10;i++) {
49              value=Integer.parseInt(buf.readLine());
50              stack.push(value);
51          }
52          System.out.println("=============================");
53          while (!stack.empty())  //将堆栈数据陆续从顶端弹出
54              System.out.println("堆栈弹出的顺序为:"+stack.pop());
55      }
56  }
```

【执行结果】参考图8-2。

图8-2

下面来看一个堆栈应用的 Java 范例程序，以数组仿真扑克牌洗牌和发牌的过程（见图 8-3）。以随机数生成扑克牌后放入堆栈，放满 52 张牌后开始发牌，并使用堆栈功能来给 4 个人发牌。

图 8-3

【范例程序：Stack02.java】

```
01      //   堆栈应用——洗牌与发牌的过程
02      //        0~12  梅花
03      //        13~25 方块
04      //        26~38 红桃
05      //        39~51 黑桃
06
07      import java.io.*;
08      public class Stack02
09      {
10          static int top=-1;
11          public static void main(String args[]) throws IOException
12          {
13              int card[]=new int[52];
14              int stack[]=new int[52];
15              int i,j,k=0,test;
16              char ascVal=5;
17              int style;
18              for (i=0;i<52;i++)
19                  card[i]=i;
20              System.out.println("[洗牌中...请稍候!]");
21              while(k<30)
22              {
23                  for(i=0;i<51;i++)
24                  {
25                      for(j=i+1;j<52;j++)
26                      {
27                          if(((int)(Math.random()*5))==2)
28                          {
29                              test=card[i];//洗牌
30                              card[i]=card[j];
31                              card[j]=test;
32                          }
33                      }
34
35                  }
36                  k++;
37              }
38              i=0;
39              while(i!=52)
40              {
41                  push(stack,52,card[i]);           //将 52 张牌压入堆栈
```

```java
42                  i++;
43              }
44          System.out.println("[逆时针发牌]");
45          System.out.println("[显示各家的牌]\n 东家\t 北家\t 西家\t 南家");
46          System.out.println("==============================");
47          while (top >=0)
48          {
49              style = stack[top]/13;     //计算牌的花色
50              switch(style)              //牌的花色对应的字母
51              {
52                  case 0:                //梅花
53                      ascVal='C';
54                      break;
55                  case 1:                //方块
56                      ascVal='D';
57                      break;
58                  case 2:                //红桃
59                      ascVal='H';
60                      break;
61                  case 3:                //黑桃
62                      ascVal='S';
63                      break;
64              }
65              System.out.print("["+ascVal+(stack[top]%13+1)+"]");
66              System.out.print('\t');
67              if(top%4==0)
68                  System.out.println();
69              top--;
70          }
71      }
72
73      public static void push(int stack[],int MAX,int val)
74      {
75          if(top>=MAX-1)
76              System.out.println("[堆栈已经满了]");
77          else
78          {
79              top++;
80              stack[top]=val;
81          }
82      }
83
84      public static int pop(int stack[])
85      {
86          if(top<0)
87              System.out.println("[堆栈已经空了]");
88          else
89              top--;
90          return stack[top];
91      }
92  }
```

【执行结果】参考图 8-4。

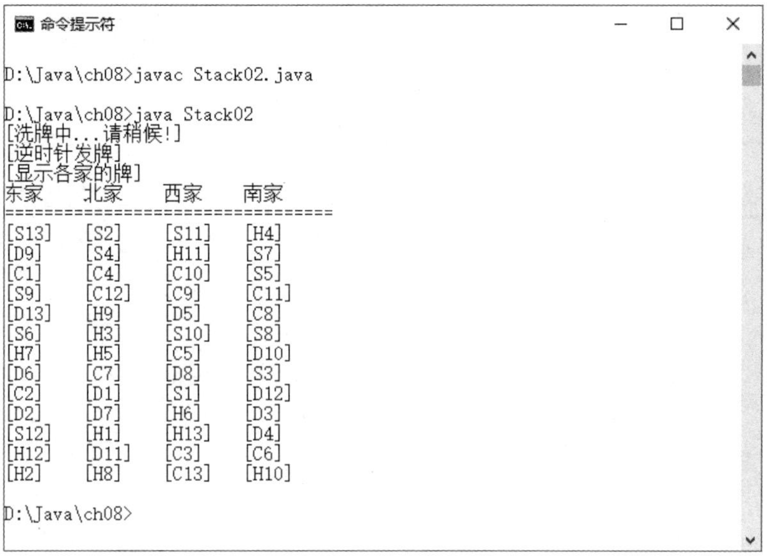

图 8-4

8.2 以链表来实现堆栈

虽然以数组结构来制作堆栈的好处是制作与设计的算法都相当简单，但是如果堆栈本身是变动的，那么数组大小并无法事先规划声明。这时往往必须考虑使用最大可能性的数组空间，这样会造成内存空间的浪费。用链表来制作堆栈的优点是随时可以动态改变链表的长度，缺点是设计时算法较为复杂。

Java 的相关算法如下：

```java
class Node //链表节点的声明
{
    int data;
    Node next;
    public Node(int data)
    {
        this.data=data;
        this.next=null;
    }
}
```

```java
//类方法：isEmpty()
//如果为空堆栈，则 front==null
public boolean isEmpty()
{
    return front==null;
}
```

```java
//类方法：insert()
//将指定数据压入堆栈顶端
public void insert(int data)
{
    Node newNode=new Node(data);
    if(this.isEmpty())
    {
        front=newNode;
        rear=newNode;
    }
    else
    {
        rear.next=newNode;
        rear=newNode;
    }
}
```

```java
//类方法：pop()
//从堆栈顶端弹出数据
public void pop()
{
    Node newNode;
    if(this.isEmpty())
    {
        System.out.print("===当前为空堆栈===\n");
        return;
    }
    newNode=front;
    if(newNode==rear)
    {
        front=null;
        rear=null;
        System.out.print("===当前为空堆栈===\n");
    }
    else
    {
        while(newNode.next!=rear)
        newNode=newNode.next;
        newNode.next=rear.next;
        rear=newNode;
    }
}
```

下面的 Java 范例程序以链表来实现堆栈的操作，并使用循环来控制将元素压入堆栈或弹出堆栈，其中必须包括压入（push）与弹出（pop）函数，并在最后输出堆栈内的所有元素。

【范例程序：Stack03.java】

| 01 | // 用链表来实现堆栈 |
| 02 | |

```java
03    import java.io.*;
04
05    class Node    //链表节点的声明
06    {
07        int data;
08        Node next;
09        public Node(int data)
10        {
11            this.data=data;
12            this.next=null;
13        }
14    }
15
16    class StackByLink
17    {
18        public Node front;   //指向堆栈底部的指针
19        public Node rear;    //指向堆栈顶端的指针
20        //类方法：isEmpty()
21        //如果为空堆栈，则front==null
22        public boolean isEmpty()
23        {
24            return front==null;
25        }
26        //类方法：output_of_Stack()
27        //打印输出堆栈中的内容
28        public void output_of_Stack()
29        {
30            Node current=front;
31            while(current!=null)
32            {
33                System.out.print("["+current.data+"]");
34                current=current.next;
35            }
36            System.out.println();
37        }
38        //类方法：insert()
39        //把指定的数据压入堆栈顶端
40        public void insert(int data)
41        {
42            Node newNode=new Node(data);
43            if(this.isEmpty())
44            {
45                front=newNode;
46                rear=newNode;
47            }
48            else
49            {
50                rear.next=newNode;
51                rear=newNode;
52            }
53        }
54        //类方法：pop()
55        //从堆栈顶端弹出数据
56        public void pop()
57        {
58            Node newNode;
59            if(this.isEmpty())
```

```java
60          {
61              System.out.print("===当前为空堆栈===\n");
62              return;
63          }
64          newNode=front;
65          if(newNode==rear)
66          {
67              front=null;
68              rear=null;
69              System.out.print("===当前为空堆栈===\n");
70          }
71          else
72          {
73              while(newNode.next!=rear)
74                  newNode=newNode.next;
75              newNode.next=rear.next;
76              rear=newNode;
77          }
78
79      }
80  }
81
82  class Stack03
83  {
84      public static void main(String args[]) throws IOException
85      {
86          BufferedReader buf;
87          buf=new BufferedReader(new InputStreamReader(System.in));
88          StackByLink stack_by_linkedlist =new StackByLink();
89          int choice=0;
90          while(true)
91          {
92              System.out.print("(0)结束 (1)把数据压入堆栈 (2)从堆栈弹出数据:");
93              choice=Integer.parseInt(buf.readLine());
94              if(choice==2)
95              {
96                  stack_by_linkedlist.pop();
97                  System.out.println("数据弹出后堆栈中的内容:");
98                  stack_by_linkedlist.output_of_Stack();
99              }
100             else if(choice==1)
101             {
102                 System.out.print("请输入要压入堆栈的数据:");
103                 choice=Integer.parseInt(buf.readLine());
104                 stack_by_linkedlist.insert(choice);
105                 System.out.println("数据压入后堆栈中的内容:");
106                 stack_by_linkedlist.output_of_Stack();
107             }
108             else if(choice==0)
109                 break;
110             else
111             {
112                 System.out.println("输入错误！");
113             }
114         }
115     }
116 }
```

【执行结果】参考图 8-5。

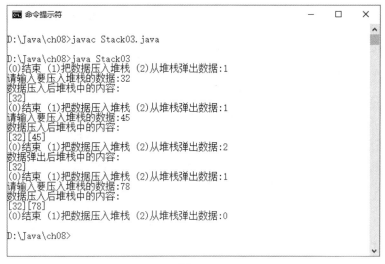

图 8-5

8.3 汉诺塔问题的求解算法

法国数学家 Lucas 在 1883 年介绍了一个十分经典的汉诺塔（Tower of Hanoi）智力游戏，是使用递归法与堆栈概念来解决问题的典型范例（见图 8-6）。内容是说在古印度神庙，庙中有 3 根木桩，天神希望和尚们把某些数量大小不同的圆盘从第一根木桩全部移动到第三根木桩。

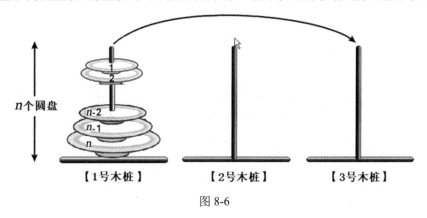

图 8-6

从更精确的角度来说，汉诺塔问题可以这样描述：假设有 1 号、2 号、3 号共 3 根木桩和 n 个大小均不相同的圆盘（Disc），从小到大编号为 $1,2,3,\cdots,n$，编号越大，直径越大。开始的时候，n 个圆盘都套在 1 号木桩上，现在希望能找到以 2 号木桩为中间桥梁将 1 号木桩上的圆盘全部移到 3 号木桩上次数最少的方法。在搬动时必须遵守以下规则：

（1）直径较小的圆盘永远只能置于直径较大的圆盘上。
（2）圆盘可任意地从任何一个木桩移到其他的木桩上。

（3）每一次只能移动一个圆盘，而且只能从最上面的开始移动。

现在我们考虑 $n=1\sim3$ 的情况，以图示方式示范求解汉诺塔问题的步骤。

1. 1 个圆盘（见图 8-7）

直接把圆盘从 1 号木桩移动到 3 号木桩。

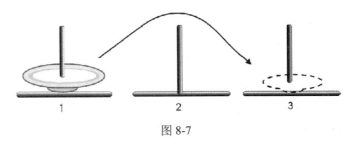

图 8-7

2. 2 个圆盘（见图 8-8~图 8-11）

① 将 1 号圆盘从 1 号木桩移动到 2 号木桩。

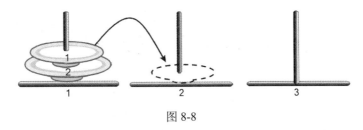

图 8-8

② 将 2 号圆盘从 1 号木桩移动到 3 号木桩。

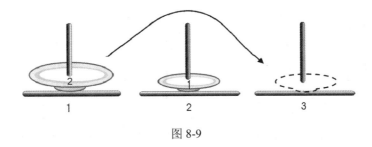

图 8-9

③ 将 1 号圆盘从 2 号木桩移动到 3 号木桩。

图 8-10

④ 完成。

图 8-11

结论：移动了 $2^2-1=3$ 次，圆盘移动的次序为 1,2,1（此处为圆盘次序）。
步骤：1→2,1→3,2→3（此处为木桩次序）。

3．3 个圆盘（见图 8-12～图 8-19）

① 将 1 号圆盘从 1 号木桩移动到 3 号木桩。

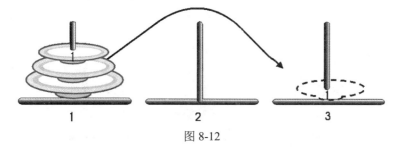

图 8-12

② 将 2 号圆盘从 1 号木桩移动到 2 号木桩。

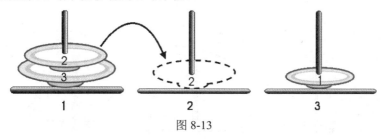

图 8-13

③ 将 1 号圆盘从 3 号木桩移动到 2 号木桩。

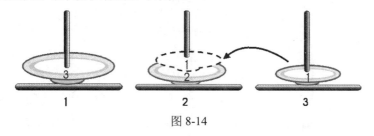

图 8-14

④ 将 3 号圆盘从 1 号木桩移动到 3 号木桩。

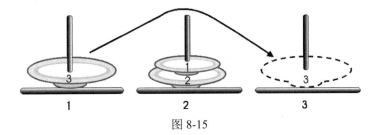

图 8-15

⑤ 将 1 号圆盘从 2 号木桩移动到 1 号木桩。

图 8-16

⑥ 将 2 号圆盘从 2 号木桩移动到 3 号木桩。

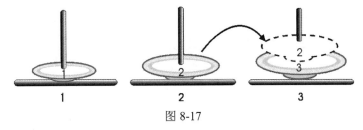

图 8-17

⑦ 将 1 号圆盘从 1 号木桩移动到 3 号木桩。

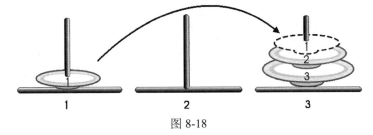

图 8-18

⑧ 完成。

图 8-19

结论：移动了 $2^3-1=7$ 次，圆盘移动的次序为 1,2,1,3,1,2,1（圆盘的次序）。

步骤：1→3,1→2,3→2,1→3,2→1,2→3,1→3（木桩次序）。

当有 4 个圆盘时,我们实际操作后(在此不用插图说明),圆盘移动的次序为 1,2,1,3,1,2,1,4,1,2,1,3,1,2,1,而移动木桩的顺序为 1→2,1→3,2→3,1→2,3→1,3→2,1→2,1→3,2→3,2→1,3→1,2→3,1→2,1→3,2→3,移动次数为 $2^4-1=15$。

当 n 的值不大时,大家可以逐步用图解办法解决问题;当 n 的值较大时,就十分伤脑筋了。事实上,我们可以得出一个结论:当有 n 个圆盘时,可将汉诺塔问题归纳成以下 3 个步骤(参考图 8-20)。

① 将 $n-1$ 个圆盘从木桩 1 移动到木桩 2。
② 将第 n 个最大圆盘从木桩 1 移动到木桩 3。
③ 将 $n-1$ 个圆盘从木桩 2 移动到木桩 3。

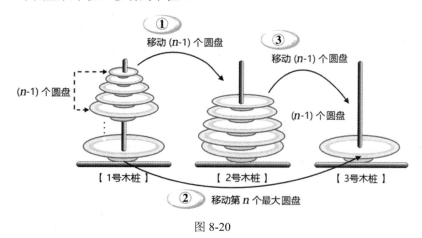

图 8-20

根据上面的分析和图解,大家应该可以发现汉诺塔问题非常适合用递归方式与堆栈数据结构来求解。因为汉诺塔问题满足了递归的两大特性:①有反复执行的过程;②有退出递归的出口。

下面是求解汉诺塔问题的 Java 范例程序,其中包含了递归函数(算法)。

【范例程序:Tower.java】

```
01  // 利用汉诺塔函数求出不同盘子数时盘子移动的步骤
02
03  import java.io.*;
04  public class Tower
05  {
06      public static void main(String args[]) throws IOException
07      {
08          int j;
09          String str;
10          BufferedReader keyin=new BufferedReader(new InputStreamReader(System.in));
11          System.out.print("请输入盘子的数量: ");
12          str=keyin.readLine();
13          j=Integer.parseInt(str);
14          hanoi(j,1, 2, 3);
15      }
16
17      public static void hanoi(int n, int p1, int p2, int p3)
18      {
19          if (n==1)
```

```
20              System.out.println("盘子从 "+p1+" 移到 "+p3);
21          else
22          {
23              hanoi(n-1, p1, p3, p2);
24              System.out.println("盘子从 "+p1+" 移到 "+p3);
25              hanoi(n-1, p2, p1, p3);
26          }
27      }
28  }
```

【执行结果】参考图 8-21。

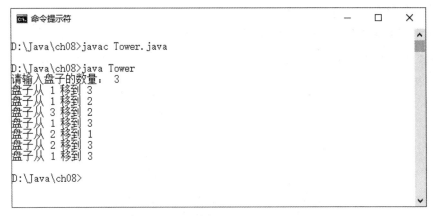

图 8-21

范例 ▶ 在汉诺塔问题中，移动 n 个圆盘所需的最小移动次数是多少？试说明之。

解答 ▶ 当有 n 个圆盘时，可将汉诺塔问题归纳成 3 个步骤，其中 a_n 为移动 n 个圆盘所需的最少移动次数，a_{n-1} 为移动 $n-1$ 个圆盘所需的最少移动次数，$a_1 = 1$ 为只剩一个圆盘时的移动次数，因此可得如下式子：

$$
\begin{aligned}
a_n &= a_{n-1} + 1 + a_{n-1} \\
&= 2a_{n-1} + 1 \\
&= 2(2a_{n-2} + 1) + 1 \\
&= 4a_{n-2} + 2 + 1 \\
&= 4(2a_{n-3} + 1) + 2 + 1 \\
&= 8a_{n-3} + 4 + 2 + 1 \\
&= 8(2a_{n-4} + 1) + 4 + 2 + 1 \\
&= 16a_{n-4} + 8 + 4 + 2 + 1 \\
&\cdots \\
&= 2^{n-1}a_1 + \sum_{k=0}^{n-2} 2^k
\end{aligned}
$$

即：

$$
\begin{aligned}
a_n &= 2^{n-1} \times 1 + \sum_{k=0}^{n-2} 2^k \\
&= 2^{n-1} + 2^{n-1} - 1 \\
&= 2^n - 1
\end{aligned}
$$

所以，要移动 n 个圆盘所需的最小移动次数为 2^n-1 次。

8.4 八皇后问题的求解算法

八皇后问题也是一种常见的堆栈应用实例。在国际象棋中的皇后可以在没有限定一步走几格的前提下对棋盘中的其他棋子直吃、横吃和对角斜吃（左斜吃或右斜吃均可）。现在要放入多个皇后到棋盘上，相互之间还不能吃到对方。后放入的新皇后，必须考虑所放位置的直线方向、横线方向或对角线方向是否已被放置了旧皇后，否则就会被先放入的旧皇后吃掉。

利用这种概念，我们可以将其应用在 4×4 的棋盘，就称为四皇后问题；应用在 8×8 的棋盘，就称为八皇后问题；应用在 N×N 的棋盘，就称为 N 皇后问题。要解决 N 皇后问题（在此我们以八皇后为例），首先在棋盘中放入一个新皇后，且不会被先前放置的旧皇后吃掉，就将这个新皇后的位置压入堆栈。

如果放置新皇后的该行（或该列）的 8 个位置都没有办法放置新皇后（放入任何一个位置，都会被先前放置的旧皇后给吃掉），就必须从堆栈中弹出前一个皇后的位置，并在该行（或该列）中重新寻找一个新的位置，再将该位置压入堆栈中，这种方式就是一种回溯（Backtracking）算法的应用。

N 皇后问题的解答就是结合堆栈和回溯两种数据结构，以逐行（或逐列）寻找新皇后合适位置（如果找不到，则回溯到前一行寻找前一个皇后的另一个新位置，以此类推）的方式来寻找 N 皇后问题的其中一组解答。

图 8-22 和图 8-23 所示分别是四皇后和八皇后在堆栈存放的内容以及对应棋盘的其中一组解。

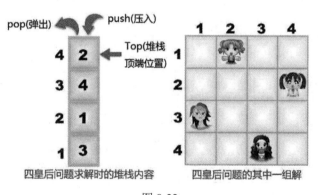

图 8-22

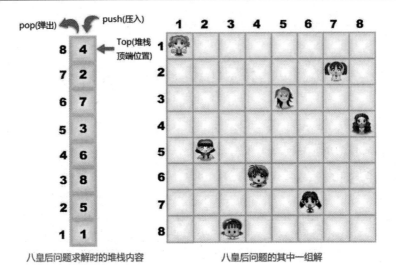

图 8-23

下面是求解八皇后问题的 Java 范例程序。

【范例程序：EightQ.java】

```
01    // 八皇后问题
02
03    import java.io.*;
04    class EightQ
05    {
06        static int TRUE=1, FALSE=0, EIGHT=8;
07        static int[] queen=new int [EIGHT];   // 存放8个皇后的行位置
08        static int number=0;                   // 计算共有几组解的总数
09        //构造函数
10        EightQ()
11        {
12            number = 0;
13        }
14        //按Enter键函数
15        public static void PressEnter()
16        {
17            char tChar;
18            System.out.print("\n\n");
19            System.out.println("...按下Enter键继续...");
20            try {
21                tChar=(char)System.in.read();
22            } catch(IOException e) {}
23        }
24        //确定皇后存放的位置
25        public static void decide_position(int value)
26        {
27            int i=0;
28            while ( i < EIGHT )
29            {
30            // 是否受到攻击的判断
31                if ( attack(i, value) !=1)
32                {
33                    queen[value] = i;
```

```
34                    if ( value == 7 )
35                        print_table();
36                    else
37                        decide_position(value+1);
38                }
39                i++;
40            }
41        }
42        // 测试在(row,col)上的皇后是否遭受攻击
43        // 若遭受攻击则返回1，否则返回0
44        public static int attack(int row,int col)
45        {
46            int i=0, atk=FALSE;
47            int offset_row=0, offset_col=0;
48
49            while ( (atk!=1) && i < col ) {
50                offset_col = Math.abs(i - col);
51                offset_row = Math.abs(queen[i] - row);
52                // 判断两个皇后是否在同一行或在同一对角线上
53                if  ((queen[i] == row)||(offset_row == offset_col) )
54                    atk=TRUE;
55                i++;
56            }
57            return atk;
58        }
59
60        // 输出所需要的结果
61        public static void print_table()
62        {
63            int x=0, y=0;
64            number+=1;
65            System.out.print("\n");
66            System.out.print("八皇后问题的第"+number + "组解\n\t");
67            for ( x = 0 ; x < EIGHT ; x++ ) {
68                for ( y =0 ; y< EIGHT ;y++ )
69                    if ( x == queen[y] )
70                        System.out.print("<*>");
71                    else
72                        System.out.print("<->");
73                System.out.print("\n\t");
74            }
75            PressEnter();
76        }
77
78        public static void main (String args[])
79        {
80            EightQ.decide_position(0);
81        }
82    }
```

【执行结果】参考图 8-24。

图 8-24

8.5　用数组来实现队列

下面我们就简单地来实现队列的工作运算。其中，队列声明为 queue[20]，且一开始 front 和 rear 均默认为-1（因为 Java 语言数组的索引从 0 开始），表示空队列；加入数据时输入 1；要取出数据时输入 2，可直接打印队列前端的值；要结束时输入 3。

【范例程序：Queue01.java】

```
01    // 实现队列数据的存入和取出
02
03    import java.io.*;
04    public class Queue01
05    {
06        public static int front=-1,rear=-1,max=20;
07        public static int val;
08        public static char ch;
09        public static int queue[]=new int[max];
10        public static void main(String args[]) throws IOException
11        {
12            String strM;
13            int M=0;
14            BufferedReader keyin=new BufferedReader(new InputStreamReader(System.in));
15            while(rear<max-1&& M!=3)
16            {
```

```
17              System.out.print("[1]存入一个数值[2] 取出一个数值 [3]结束: ");
18              strM=keyin.readLine();
19              M=Integer.parseInt(strM);
20              switch(M)
21              {
22                  case 1:
23                      System.out.print("\n[请输入数值]: ");
24                      strM=keyin.readLine();
25                      val=Integer.parseInt(strM);
26                      rear++;
27                      queue[rear]=val;
28                      break;
29                  case 2:
30                      if(rear>front)
31                      {
32                          front++;
33                          System.out.print("\n[取出数值为]: ["+queue[front]+
   "]"+"\n");
34                          queue[front]=0;
35                      }
36                      else
37                      {
38                          System.out.print("\n[队列已经空了]\n");
39                          break;
40                      }
41                      break;
42                  default:
43                      System.out.print("\n");
44                      break;
45              }
46          }
47          if(rear==max-1) System.out.print("[队列已经满了]\n");
48          System.out.print("\n[当前队列中的数据]:");
49          if (front>=rear)
50          {
51              System.out.print("没有\n");
52              System.out.print("[队列已经空了]\n");
53          }
54          else
55          {
56              while (rear>front)
57              {
58                  front++;
59                  System.out.print("["+queue[front]+"]");
60              }
61              System.out.print("\n");
62          }
63      }
64  }
```

【执行结果】参考图 8-25。

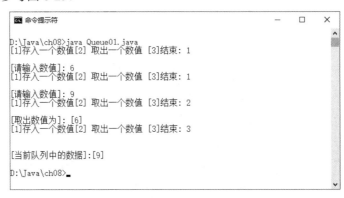

图 8-25

经过以上有关队列数组的实现与说明过程，我们将会发现在队列中加入与删除数据时，队列需要两个指针 front、rear 来指向它的前端和末尾。当 rear=n（队列容量）时，会产生一个小问题，如表 8-1 所示。

表 8-1 指针 front、rear 指向前端和末尾

事件说明	front	rear	Q(1)	Q(2)	Q(3)	Q(4)
空队列 Q	0	0				
data1 进入	0	1	data1			
data2 进入	0	2	data1	data2		
data3 进入	0	3	data1	data2	data3	
data1 离开	1	3		data2	data3	
data4 进入	1	4		data2	data3	data4
data2 离开	2	4			data3	data4
data5 进入	2	4			data3	data4

data5 无法进入

从表 8-1 中可以发现在队列中还有 $Q(1)$ 与 $Q(2)$ 两个空间，因为 rear=n（n=4），所以会认为队列已满（Queue-Full），新的数据 data5 不能再加入。这时，我们可以将队列中的数据往前移，移出空间让新数据加入，如图 8-26 所示。

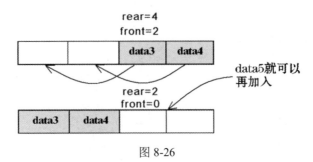

图 8-26

这种在队列中移动数据的做法虽然可以解决队列空间浪费的问题，但是队列中的数据过多时将会造成时间的浪费，如图 8-27 和图 8-28 所示。

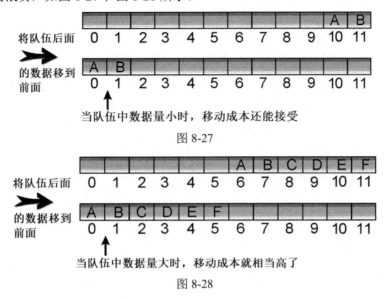

图 8-27

图 8-28

8.6 用链表来实现队列

队列除了能以数组的方式来实现外，也可以用链表来实现。在声明队列的类中，除了和队列相关的方法外，还必须有指向队列前端和队列末尾的指针，即 front 和 rear。

【范例程序：Queue02.java】

```
01      // 用链表实现队列
02
03      import java.io.*;
04      class QueueNode              // 队列节点类
05      {
06          int data;                // 节点数据
07          QueueNode next;          // 指向下一个节点
08      //构造函数
09          public QueueNode(int data) {
10              this.data=data;
11              next=null;
12          }
13      };
14
15      class Linked_List_Queue {    //队列类
16          public QueueNode front;  //队列的前端指针
17          public QueueNode rear;   //队列的末尾指针
18
19      //构造函数
20          public Linked_List_Queue() { front=null; rear=null; }
21
22      //方法 enqueue：队列数据的存入
```

```java
23        public boolean enqueue(int value) {
24            QueueNode node= new QueueNode(value); //建立节点
25            //检查是否为空队列
26            if (rear==null)
27                front=node; //新建立的节点成为第1个节点
28            else
29                rear.next=node; //将节点加入到队列的末尾
30            rear=node; //将队列的末尾指针指向新加入的节点
31            return true;
32        }
33
34        //方法 dequeue: 队列数据的取出
35        public int dequeue() {
36            int value;
37            //检查队列是否为空队列
38            if (!(front==null)) {
39                if(front==rear) rear=null;
40                value=front.data; //将队列数据取出
41                front=front.next; //将队列的前端指针指向下一个
42                return value;
43            }
44            else return -1;
45        }
46    } //队列类声明结束
47
48    public class Queue02 {
49        // 主程序
50        public static void main(String args[]) throws IOException {
51            Linked_List_Queue queue =new Linked_List_Queue(); //创建队列对象
52            int temp;
53            System.out.println("用链表来实现队列");
54            System.out.println("==================================");
55            System.out.println("在队列前端加入第 1 个数据,此数据值为1");
56            queue.enqueue(1);
57            System.out.println("在队列前端加入第 2 个数据,此数据值为3");
58            queue.enqueue(3);
59            System.out.println("在队列前端加入第 3 个数据,此数据值为5");
60            queue.enqueue(5);
61            System.out.println("在队列前端加入第 4 个数据,此数据值为7");
62            queue.enqueue(7);
63            System.out.println("在队列前端加入第 5 个数据,此数据值为9");
64            queue.enqueue(9);
65            System.out.println("==================================");
66            while (true) {
67                if (!(queue.front==null)) {
68                    temp=queue.dequeue();
69                    System.out.println("从队列前端按序取出的数据值为: "+temp);
70                }
71                else
72                    break;
73            }
74            System.out.println();
75        }
76    }
```

【执行结果】参考图 8-29。

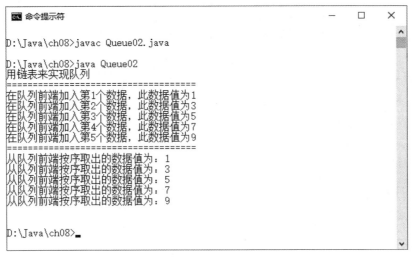

图 8-29

8.7 双向队列

双向队列（Double Ended Queues，DEQue）为一个有序线性表，加入与删除操作可在队列的任意一端进行，如图 8-30 所示。

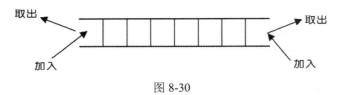

图 8-30

在双向队列中，我们仍然使用两个指针，分别指向加入端和取出端，只是加入和取出数据时，各指针所扮演的角色不再是固定的加入或取出，而且两边的指针都向队列中央移动，其他部分则和一般队列无异。

假设我们尝试利用双向队列依次输入 1、2、3、4、5、6、7 七个数字，试问是否能够得到 5174236 的输出序列？因为依次输入 1、2、3、4、5、6、7 且要输出 5174236，因此可得到如图 8-31 所示的队列。

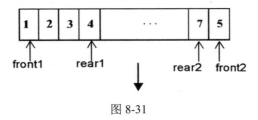

图 8-31

因为要输出 5174236 的话，6 为最后一位，所以可得到如图 8-32 所示的队列。

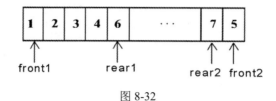

图 8-32

由图 8-31 和图 8-32 明显得知，无法输出 5174236 序列。

下面的 Java 范例程序使用链表结构来设计一个有输入限制的双向队列，只能从双向队列的一端加入数据，但可以分别从队列的前端和末尾取出数据。

【范例程序：Double.java】

```
01    // 输入限制性双向队列的实现
02
03    import java.io.*;
04    class QueueNode              // 队列节点类
05    {
06        int data;                // 节点数据
07        QueueNode next;          // 指向下一个节点
08        //构造函数
09        public QueueNode(int data) {
10            this.data=data;
11            next=null;
12        }
13    };
14
15    class Linked_List_Queue {    //队列类
16        public QueueNode front;  //队列的前端指针
17        public QueueNode rear;   //队列的末尾指针
18
19        //构造函数
20        public Linked_List_Queue() { front=null; rear=null; }
21
22        //方法 enqueue：队列数据的存入
23        public boolean enqueue(int value) {
24            QueueNode node= new QueueNode(value); //建立节点
25            //检查是否为空队列
26            if (rear==null)
27                front=node;              //新建立的节点成为第 1 个节点
28            else
29                rear.next=node;          //将节点加入到队列的末尾
30            rear=node;                   //将队列的末尾指针指向新加入的节点
31            return true;
32        }
33
34        //方法 dequeue：队列数据的取出
35        public int dequeue(int action) {
36            int value;
37            QueueNode tempNode,startNode;
38            //从前端取出数据
39            if (!(front==null) && action==1) {
```

```
40              if(front==rear) rear=null;
41              value=front.data; //将队列数据从前端取出
42              front=front.next; //将队列的前端指针指向下一个
43              return value; }
44         //从末尾取出数据
45         else if(!(rear==null) && action==2) {
46              startNode=front;  //先记下前端的指针值
47              value=rear.data;  //取出当前末尾的数据
48              //寻找末尾节点的前一个节点
49              tempNode=front;
50              while (front.next!=rear && front.next!=null)
    { front=front.next;tempNode=front;}
51              front=startNode;   //记录从末尾取出数据后的队列前端指针
52              rear=tempNode;     //记录从末尾取出数据后的队列末尾指针
53              //当队列中仅剩下最后一个节点时，取出数据后便将 front 及 rear 指向 null
54              if ((front.next==null) || (rear.next==null))
    { front=null;rear=null; }
55              return value; }
56         else return -1;
57      }
58  } //队列类声明结束
59
60  public class Double {
61      // 主程序
62      public static void main(String args[]) throws IOException {
63          Linked_List_Queue queue =new Linked_List_Queue(); //创建队列对象
64          int temp;
65          System.out.println("用链表来实现双向队列");
66          System.out.println("===================================");
67          System.out.println("在双向队列前端加入第 1 个数据，此数据值为 1");
68          queue.enqueue(1);
69          System.out.println("在双向队列前端加入第 2 个数据，此数据值为 3");
70          queue.enqueue(3);
71          System.out.println("在双向队列前端加入第 3 个数据，此数据值为 5");
72          queue.enqueue(5);
73          System.out.println("在双向队列前端加入第 4 个数据，此数据值为 7");
74          queue.enqueue(7);
75          System.out.println("在双向队列前端加入第 5 个数据，此数据值为 9");
76          queue.enqueue(9);
77          System.out.println("===================================");
78          temp=queue.dequeue(1);
79          System.out.println("从双向队列前端按序取出的数据值为："+temp);
80          temp=queue.dequeue(2);
81          System.out.println("从双向队列末尾按序取出的数据值为："+temp);
82          temp=queue.dequeue(1);
83          System.out.println("从双向队列前端按序取出的数据值为："+temp);
84          temp=queue.dequeue(2);
85          System.out.println("从双向队列末尾按序取出的数据值为："+temp);
86          temp=queue.dequeue(1);
87          System.out.println("从双向队列前端按序取出的数据值为："+temp);
88          System.out.println();
89      }
90  }
```

【执行结果】参考图 8-33。

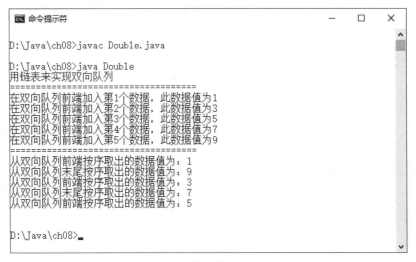

图 8-33

8.8　优先队列

优先队列（Priority Queue）为一种不必遵守队列先进先出（FIFO）特性的有序线性表，其中的每一个元素都赋予一个优先级（Priority），加入元素时可任意，但有最高优先级（Highest Priority Out First，HPOF）则最先输出。

例如，医院中的急诊室，一般以最严重的病患优先诊治，与进入医院挂号的顺序无关（见图 8-34）；又如在计算机 CPU 的作业调度中，优先级调度（Priority Scheduling，PS）就是一种按进程优先级"调度算法"（Scheduling Algorithm）进行的调度，会使用到优先队列，就好比优先级高的用户会比一般用户拥有较高的权利一样。

图 8-34

假设有 4 个进程 P1、P2、P3 和 P4 在很短的时间内先后到达等待队列，每个进程所运行的时间如表 8-2 所示。

表 8-2 进程队列

进程名称	各进程所需的运行时间
P1	30
P2	40
P3	20
P4	10

在此设置 P1、P2、P3、P4 的优先次序值分别为 2、8、6、4（此处假设数值越小优先级越低，数值越大优先级越高）。

以 PS 方法调度所绘出的甘特图如图 8-35 所示。

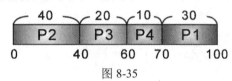

图 8-35

在此特别提醒大家，当各个元素按输入先后次序为优先级时是一般的队列，以输入先后次序的倒序作为优先级时即为一个堆栈。

课后习题

1. 至少列举 3 种常见的堆栈应用。
2. 回答下列问题：
（1）解释堆栈的含义。
（2）TOP(PUSH(i,s))的结果是什么？
（3）POP(PUSH(i,s))的结果是什么？
3. 在汉诺塔问题中，移动 n 个圆盘所需的最小移动次数是多少？试说明之。
4. 什么是优先队列？试说明之。
5. 回答以下问题：
（1）下列哪一个不是队列的应用？
　　（A）操作系统的作业调度　　　（B）输入/输出的工作缓冲
　　（C）汉诺塔的解决方法　　　　（D）高速公路的收费站收费
（2）下列哪些数据结构是线性表？
　　（A）堆栈　（B）队列　（C）双向队列　（D）数组　（E）树
6. 假设我们利用双向队列按序输入 1、2、3、4、5、6、7，是否能够得到 5174236 的输出序列？
7. 试说明队列应具备的基本特性。
8. 至少列举 3 种常见的队列应用。

第 9 章

树结构及其算法

树结构（见图 9-1）是一种日常生活中应用相当广泛的非线性结构。树结构及其算法在程序中的建立与应用大多使用链表来处理，因为链表的指针用来处理树相当方便，只需改变指标即可。此外，当然也可以使用数组这样的连续内存来表示二叉树。使用数组或链表各有利弊，本章将介绍常见的相关算法。

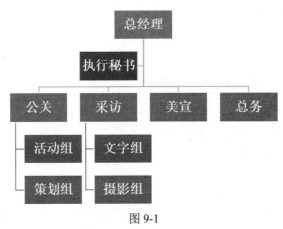

图 9-1

由于二叉树的应用相当广泛，因此衍生了许多特殊的二叉树结构。

1. 满二叉树（Fully Binary Tree）

如果二叉树的高度为 h，树的节点数为 2^h-1，$h \geq 0$，则称此树为"满二叉树"，如图 9-2 所示。

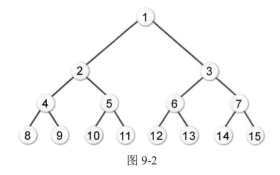

图 9-2

2. 完全二叉树（Complete Binary Tree）

如果二叉树的高度为 h，所含的节点数小于 2^h-1，那么其节点的编号方式如同高度为 h 的满二叉树一样，从左到右、从上到下的顺序一一对应，如图 9-3 所示。

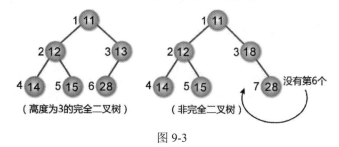

图 9-3

对于完全二叉树而言，假设有 N 个节点，那么此二叉树的层数 h 为 $\log_2(N+1)$。

3. 斜二叉树（Skewed Binary Tree）

当一个二叉树完全没有右节点或左节点时，就称之为左斜二叉树或右斜二叉树，如图 9-4 所示。

4. 严格二叉树（Strictly Binary Tree）

二叉树中的每一个非终端节点均有非空的左右子树，如图 9-5 所示。

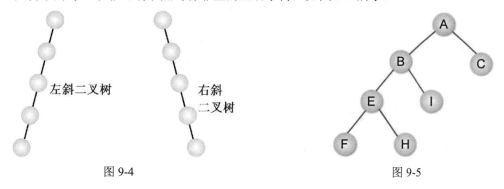

图 9-4　　　　　　　　　　图 9-5

9.1　用数组来实现二叉树

使用有序的一维数组来表示二叉树，首先可将此二叉树假想成一棵满二叉树，而且第 k 层具

有 2^{k-1} 个节点，按序存放在一维数组中。首先来看看使用一维数组建立二叉树的表示方法以及数组索引值的设置（参考图 9-6）。

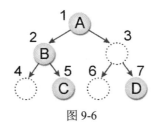

图 9-6

索引值	1	2	3	4	5	6	7
内容值	A	B			C		D

从图 9-6 可以看出此一维数组中的索引值有以下关系：

① 左子树索引值是父节点索引值乘 2。
② 右子树索引值是父节点索引值乘 2 加 1。

接着看一下如何以一维数组建立二叉树的实例，实际上就是建立一棵二叉查找树。这是一种很好的排序应用模式，因为在建立二叉树的同时数据就经过了初步的比较判断，并按照二叉树的建立规则来存放数据。二叉查找树具有以下特点：

① 可以是空集合，若不是空集合，则节点上一定要有一个键值。
② 每一个树根的值需大于左子树的值。
③ 每一个树根的值需小于右子树的值。
④ 左右子树也是二叉查找树。
⑤ 树的每个节点值都不相同。

现在用一组数据（32, 25, 16, 35, 27）来建立一棵二叉查找树，具体过程如图 9-7 所示。

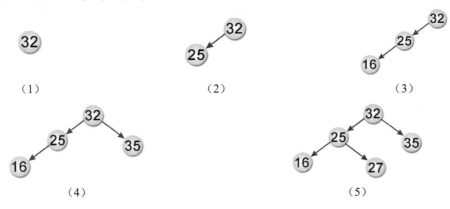

图 9-7

在下面的 Java 范例程序中先建立一个一维数组，然后将数组中的值按照上述规则建立一个满二叉树。

【范例程序：Tree01.java】

```java
01    // 建立二叉树
02
03    import java.io.*;
04    public class Tree01
05    {
06       public static void main(String args[]) throws IOException
07       {
08          int i,level;
09          int data[]={6,3,5,9,7,8,4,2};  //原始数组
10          int btree[]=new int[16];
11          for(i=0;i<16;i++) btree[i]=0;
12          System.out.print("原始数组的内容：\n");
13          for(i=0;i<8;i++)
14             System.out.print("["+data[i]+"] ");
15          System.out.println();
16          for(i=0;i<8;i++)                        //把原始数组中的值逐一对比
17          {
18             for(level=1;btree[level]!=0;)//比较树根及数组内的值
19             {
20                if(data[i]>btree[level])   //如果数组内的值大于树根，则往右子树比较
21                   level=level*2+1;
22                else                //如果数组内的值小于或等于树根，则往左子树比较
23                   level=level*2;
24             }                      //如果子树节点的值不为 0，则再与数组内的值比较一次
25             btree[level]=data[i];            //把数组值放入二叉树
26          }
27          System.out.print("二叉树的内容：\n");
28          for (i=1;i<16;i++)
29             System.out.print("["+btree[i]+"] ");
30          System.out.print("\n");
31       }
32    }
```

【执行结果】参考图 9-8。

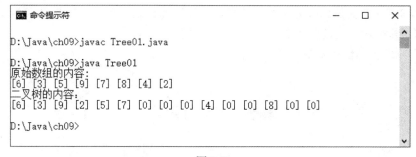

图 9-8

通常以数组表示法来存储二叉树，越接近满二叉树越节省空间，歪斜树则最浪费空间。另外，要增删数据较麻烦，必须重新建立二叉树。

图 9-9 是此数组值在二叉树中存放的情形。

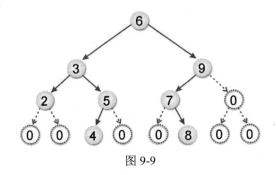

图 9-9

9.2 用链表来实现二叉树

二叉树最多只能有两个子节点,也就是说分支度小于或等于 2。所谓二叉树的链表表示法,就是利用链表来存储二叉树。例如,在 Java 语言中,我们可以定义 TreeNode 和 BinaryTree 类。其中,TreeNode 代表二叉树中的一个节点,定义如下:

```
class TreeNode
{
    int value;
    TreeNode left_Node;
    TreeNode right_Node;
    public TreeNode(int value)
    {
        this.value=value;
        this.left_Node=null;
        this.right_Node=null;
    }
}
```

使用链表来表示二叉树的好处是节点的增加与删除操作相当容易,缺点是很难找到父节点,除非在每一节点多增加一个指向父字段。

图 9-10 所示即为用链表实现二叉树的示意图。

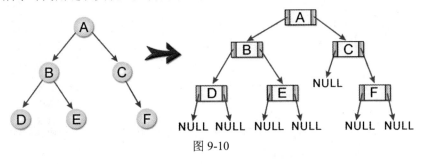

图 9-10

下面的 Java 范例程序按序输入一棵二叉树 10 个节点的数据,并利用链表来建立这棵二叉树。

【范例程序：Tree02.java】

```java
01    // 用链表来实现二叉树
02
03    import java.io.*;
04    //二叉树节点类的声明
05    class TreeNode {
06        int value;
07        TreeNode left_Node;
08        TreeNode right_Node;
09        // TreeNode 构造函数
10        public TreeNode(int value) {
11            this.value=value;
12            this.left_Node=null;
13            this.right_Node=null;
14        }
15    }
16    //二叉树类的声明
17    class BinaryTree {
18        public TreeNode rootNode; //二叉树的根节点
19        //构造函数：利用传入一个数组的参数来建立二叉树
20        public BinaryTree(int[] data) {
21            for(int i=0;i<data.length;i++)
22                Add_Node_To_Tree(data[i]);
23        }
24        //将指定的值加入到二叉树中适当的节点
25        void Add_Node_To_Tree(int value) {
26            TreeNode currentNode=rootNode;
27            if(rootNode==null) { //建立树根
28                rootNode=new TreeNode(value);
29                return;
30            }
31            //建立二叉树
32            while(true) {
33                if (value<currentNode.value) { //在左子树
34                    if(currentNode.left_Node==null) {
35                        currentNode.left_Node=new TreeNode(value);
36                        return;
37                    }
38                    else currentNode=currentNode.left_Node;
39                }
40                else { //在右子树
41                    if(currentNode.right_Node==null) {
42                        currentNode.right_Node=new TreeNode(value);
43                        return;
44                    }
45                    else currentNode=currentNode.right_Node;
46                }
47            }
48        }
49    }
50    public class Tree02 {
51        //主函数
52        public static void main(String args[]) throws IOException {
53            int ArraySize=10;
54            int tempdata;
55            int[] content=new int[ArraySize];
56            BufferedReader            keyin=new            BufferedReader(new
```

```
                InputStreamReader(System.in));
57              System.out.println("请连续输入"+ArraySize+"个数据");
58              for(int i=0;i<ArraySize;i++) {
59                  System.out.print("请输入第"+(i+1)+"个数据: ");
60                  tempdata=Integer.parseInt(keyin.readLine());
61                  content[i]=tempdata;
62              }
63              new BinaryTree(content);
64              System.out.println("===用链表方式建立二叉树，成功!!!===");
65          }
66      }
```

【执行结果】参考图 9-11。

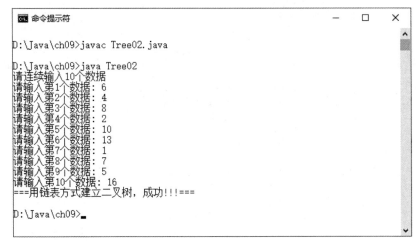

图 9-11

9.3 二叉树遍历

我们知道线性数组或链表都只能单向从头至尾遍历或反向遍历。所谓二叉树的遍历（Binary Tree Traversal），最简单的说法就是"访问树中所有的节点各一次"，并且在遍历后将树中的数据转化为线性关系。以图 9-12 所示的一个简单的二叉树节点来说，每个节点都可分为左、右两个分支，可以有 ABC、ACB、BAC、BCA、CAB 和 CBA 六种遍历方法。

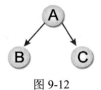

图 9-12

如果是按照二叉树特性一律从左向右，就只有 3 种遍历方式，分别是 BAC、ABC、BCA。这 3 种方式的命名与规则如下：

① 中序遍历（Inorder，BAC）：左子树→树根→右子树。

② 前序遍历（Preorder，ABC）：树根→左子树→右子树。

③ 后序遍历（Postorder，BCA）：左子树→右子树→树根。

对于这 3 种遍历方式，大家只需要记住树根的位置就不会把前序、中序和后序搞混了。例如，中序法是树根在中间，前序法是树根在前面，后序法是树根在后面，遍历方式都是先左子树后右子树。下面针对这 3 种方式做更加详尽的介绍。

1．中序遍历

中序遍历（Inorder Traversal）是"左中右"的遍历顺序，也就是从树的左侧逐步向下方移动，直到无法移动再访问此节点，并向右移动一个节点。如果无法再向右移动，就可以返回上层的父节点，并重复左、中、右的步骤进行。

① 遍历左子树。
② 遍历树根。
③ 遍历右子树。

图 9-13 所示的中序遍历为 FDHGIBEAC。

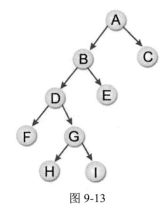

图 9-13

中序遍历的 Java 算法如下：

```java
public void inOrder(TreeNode node)
{
   if(node!=null)
   {
      inOrder(node.left_Node);
      System.out.pirnt("["+node.value+"]");
      inOrder(node.right_Node);
   }
}
```

2．后序遍历

后序遍历（Postorder Traversal）是"左右中"的遍历顺序，即先遍历左子树，再遍历右子树，最后遍历（或访问）根节点，反复执行此步骤。

① 遍历左子树。
② 遍历右子树。

③ 遍历树根。

图 9-14 所示的后序遍历为 FHIGDEBCA。

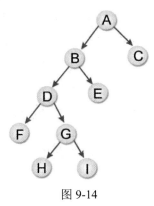

图 9-14

后序遍历的 Java 算法如下：

```
public void PostOrder(TreeNode node)
{
   if(node!=null)
   {
      PostOrder(node.left_Node);
      PostOrder(node.right_Node);
      System.out.pirnt("["+node.value+"]");
   }
}
```

3. 前序遍历

前序遍历（Preorder Traversal）是"中左右"的遍历顺序，也就是先从根节点遍历，再往左方移动，当无法继续时再向右方移动，接着重复执行此步骤。

① 遍历树根。
② 遍历左子树。
③ 遍历右子树。

图 9-15 所示的前序遍历为 ABDFGHIEC。

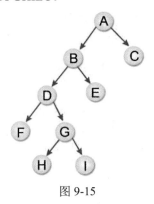

图 9-15

前序遍历的 Java 算法如下：

```java
public void PreOrder(TreeNode node)
{
    if(node!=null)
    {
        System.out.pirnt("["+node.value+"]");
        PreOrder(node.left_Node);
        PreOrder(node.right_Node);
    }
}
```

下面我们来看一个范例：图 9-16 所示的二叉树中序、前序及后序遍历的结果分别是什么？

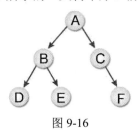

图 9-16

答：

中序：DBEACF。

前序：ABDECF。

后序：DEBFCA。

再看一个范例：图 9-17 所示的二叉树的中序、前序及后序遍历的结果是什么？

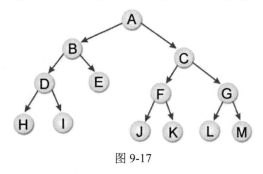

图 9-17

答：

前序：ABDHIECFJKGLM。

中序：HDIBEAJFKCLGM。

后序：HIDEBJKFLMGCA。

接着我们开始建立二叉树，并实现中序、前序与后序遍历。在程序中会预先指定二叉树的内容，并在遍历二叉树后把树的前序、中序、后序打印出来，以比较 3 种遍历方式的不同之处。

【范例程序：Order.java】

```
01  // 比较二叉树的前序、中序及后序表示法
02
03  import java.io.*;
04  class TreeNode
05  {
06      int value;
07      TreeNode left_Node;
08      TreeNode right_Node;
09
10      public TreeNode(int value)
11      {
12          this.value=value;
13          this.left_Node=null;
14          this.right_Node=null;
15      }
16  }
17
18  class BinaryTree
19  {
20      public TreeNode rootNode;
21
22      public void Add_Node_To_Tree(int value)
23      {
24          if (rootNode==null)
25          {
26              rootNode=new TreeNode(value);
27              return;
28          }
29          TreeNode currentNode=rootNode;
30          while(true)
31          {
32              if(value<currentNode.value)
33              {
34                  if(currentNode.left_Node==null)
35                  {
36                      currentNode.left_Node=new TreeNode(value);
37                      return;
38                  }
39                  else
40                      currentNode=currentNode.left_Node;
41              }
42              else
43              {
44                  if(currentNode.right_Node==null)
45                  {
46                      currentNode.right_Node=new TreeNode(value);
47                      return;
48                  }
49                  else
50                      currentNode=currentNode.right_Node;
51              }
52          }
53      }
54      public  void InOrder(TreeNode node)
55      {
56          if (node!=null)
57          {
```

```
58              InOrder(node.left_Node);
59              System.out.print("["+node.value+"] ");
60              InOrder(node.right_Node);
61          }
62      }
63
64      public  void PreOrder(TreeNode node)
65      {
66          if (node!=null)
67          {
68              System.out.print("["+node.value+"] ");
69              PreOrder(node.left_Node);
70              PreOrder(node.right_Node);
71          }
72      }
73
74      public  void PostOrder(TreeNode node)
75      {
76          if (node!=null)
77          {
78              PostOrder(node.left_Node);
79              PostOrder(node.right_Node);
80              System.out.print("["+node.value+"] ");
81          }
82      }
83  }
84  public class Order
85  {
86      public static void main(String args[]) throws IOException
87      {
88          int i;
89          int arr[]={7,4,1,5,16,8,11,12,15,9,2};  //原始的数组
90          BinaryTree tree=new BinaryTree();
91          System.out.print("原始数组的内容: \n");
92          for(i=0;i<11;i++)
93              System.out.print("["+arr[i]+"] ");
94          System.out.println();
95          for(i=0;i<arr.length;i++) tree.Add_Node_To_Tree(arr[i]);
96          System.out.print("[二叉树的内容]\n");
97          System.out.print("前序遍历的结果: \n");     //打印前序、中序、后序遍历的结果
98          tree.PreOrder(tree.rootNode);
99          System.out.print("\n");
100         System.out.print("中序遍历的结果: \n");
101         tree.InOrder(tree.rootNode);
102         System.out.print("\n");
103         System.out.print("后序遍历的结果: \n");
104         tree.PostOrder(tree.rootNode);
105         System.out.print("\n");
106     }
107 }
```

【执行结果】参考图9-18。

图9-18

9.4 二叉查找树

如果一棵二叉树符合"每一个节点的数据大于左子节点且小于右子节点",那么这棵树称为二分树。二分树便于排序和查找,二叉排序树或二叉查找树都是二分树的一种。当建立一棵二叉排序树之后,要清楚如何在一排序树中查找一个数据。事实上,二叉查找树或二叉排序树可以说是一体两面,没有差别。

二叉查找树具有以下特点:

- 可以是空集合,若不是空集合则节点上一定要有一个键值。
- 每一个树根的值需大于左子树的值。
- 每一个树根的值需小于右子树的值。
- 左右子树也是二叉搜索树。
- 树的每个节点值都不相同。

基本上,只要懂二叉树的排序就可以理解二叉树的查找。只需在二叉树中比较树根及要查找的值,再按左子树<树根<右子树的原则遍历二叉树,就可找到要查找的值。

接着我们来实现一个二叉查找树的查找程序,首先建立一个二叉查找树,并输入要查找的值。如果节点中有相等的值,就会显示出查找的次数。如果找不到这个值,就会显示信息。

【范例程序:Stree.java】

```
01    // 二叉查找树
02
03    import java.io.*;
04    class TreeNode
05    {
06        int value;
07        TreeNode left_Node;
08        TreeNode right_Node;
09
10        public TreeNode(int value)
11        {
```

```
12              this.value=value;
13              this.left_Node=null;
14              this.right_Node=null;
15          }
16      }
17
18      class BinarySearch
19      {
20          public TreeNode rootNode;
21          public static int count=1;
22          public void Add_Node_To_Tree(int value)
23          {
24              if (rootNode==null)
25              {
26                  rootNode=new TreeNode(value);
27                  return;
28              }
29              TreeNode currentNode=rootNode;
30              while(true)
31              {
32                  if(value<currentNode.value)
33                  {
34                      if(currentNode.left_Node==null)
35                      {
36                          currentNode.left_Node=new TreeNode(value);
37                          return;
38                      }
39                      else
40                          currentNode=currentNode.left_Node;
41                  }
42                  else
43                  {
44                      if(currentNode.right_Node==null)
45                      {
46                          currentNode.right_Node=new TreeNode(value);
47                          return;
48                      }
49                      else
50                          currentNode=currentNode.right_Node;
51                  }
52              }
53          }
54
55          public boolean findTree(TreeNode node, int value)
56          {
57              if (node==null)
58              {
59                  return false;
60              }
61              else if (node.value==value)
62              {
63                  System.out.print("共搜索"+count+"次\n");
64                  return true;
65              }
66              else if (value<node.value)
67              {
68                  count+=1;
69                  return findTree(node.left_Node,value);
70              }
```

```
71              else
72              {
73                  count+=1;
74                  return findTree(node.right_Node,value);
75              }
76      }
77  }
78
79  public class Stree
80  {
81      public static void main(String args[]) throws IOException
82      {
83          int i,value;
84          int arr[]={7,4,1,5,13,8,11,12,15,9,2};
85          System.out.print("原始数组的内容：\n");
86          for(i=0;i<11;i++)
87              System.out.print("["+arr[i]+"] ");
88          System.out.println();
89          BinarySearch tree=new BinarySearch();
90          for(i=0;i<11;i++) tree.Add_Node_To_Tree(arr[i]);
91          System.out.print("请输入搜索值：");
92          BufferedReader keyin=new BufferedReader(new InputStreamReader(System.in));
93          value=Integer.parseInt(keyin.readLine());
94          if(tree.findTree(tree.rootNode,value))
95              System.out.print("您要找的值 ["+value+"] 已找到！！！\n");
96          else
97              System.out.print("抱歉，没有找到。\n");
98      }
99  }
```

【执行结果】参考图 9-19。

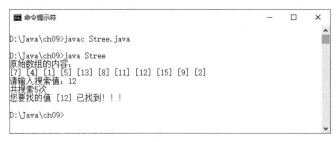

图 9-19

范例程序 Stree.java 建立的二叉查找树有如图 9-20 所示的结构。

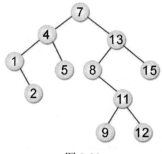

图 9-20

9.5　二叉树节点的插入与删除

二叉树节点插入的情况和查找相似，重点是插入后仍要保持二叉查找树的特性。如果插入的节点已经在二叉树中，就没有插入的必要了。如果插入的值不在二叉树中，就会出现查找失败的情况，相当于找到了要插入的位置。

二叉树节点的删除操作稍微复杂一点，可分为以下 3 种情况。

① 删除的节点为树叶，只要将其相连的父节点指向 NULL 即可。

② 删除的节点只有一棵子树。例如，删除节点 1，就将其右指针字段放到父节点的左指针字段，如图 9-21 所示。

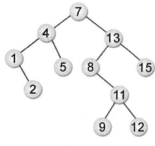

图 9-21

③ 删除的节点有两棵子树。在图 9-21 中，要删除节点 4，方式有两种，虽然结果不同，但都符合二叉树特性。

- 找出中序立即先行者（Inorder Immediate Predecessor），就是将要删除节点的左子树中最大者向上提，在此即为图 9-21 中的节点 2。简单来说，就是在该节点的左子树中往右寻找，直到右指针为 NULL，这个节点就是中序立即先行者。
- 找出中序立即后继者（Inorder Immediate Successor），就是把要删除节点的右子树中最小者向上提，在此即为图 9-21 中的节点 5。简单来说，就是在该节点的右子树中往左寻找，直到左指针为 NULL，这个节点就是中序立即后继者。

下面我们来看一个范例，将数据（32, 24, 57, 28, 10, 43, 72, 62）按中序方式存入可放 10 个节点的数组内，试绘图并说明节点在数组中的相关位置。如果插入数据为 30，试绘图并写出其相关操作与位置的变化。接着删除数据 32，试绘图并写出其相关操作与位置的变化。

答：建立如图 9-22 所示的二叉树。

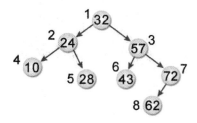

图 9-22

root	left	data	right
1	2	32	3
2	4	24	5
3	6	57	7
4	0	10	0
5	0	28	0
6	0	43	0
7	8	72	0
8	0	62	0
9			
10			

插入的数据为 30，结果如图 9-23 所示。

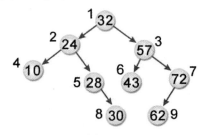

图 9-23

root	left	data	right
1	2	32	3
2	4	24	5
3	6	57	7
4	0	10	0
5	0	28	8
6	0	43	0
7	9	72	0
8	0	30	0
9	0	62	0
10			

删除数据 32，结果如图 9-24 所示。

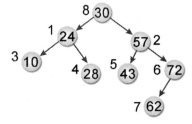

图 9-24

root	left	data	right
1	3	24	4
2	5	57	6
3	0	10	0
4	0	28	0
5	0	43	0
6	7	72	0
7	0	62	0
8	1	30	2
9			
10			

9.6 二叉运算树

二叉树的应用实际上相当广泛，比如表达式之间的转换。可以把中序表达式按运算符优先级的顺序建成一棵二叉运算树（Binary Expression Tree，或称为二叉表达式树）。之后再按二叉树的特性进行前序、中序、后序的遍历，即可得到前序、中序、后序表达式。建立的方法可根据以下两种规则来进行操作。

（1）考虑表达式中运算符的结合性与优先权，再适当地加上括号。

（2）由最内层的括号逐步向外，将运算符当树根、左边操作数当左子树、右边操作数当右子树，并将优先权最低的运算符作为此二叉运算树的树根。

尝试将 A–B*(-C+–3.5)表达式转为二叉运算树，并求出此表达式的前序与后序表示法（见图9-25）。

→A–B*(-C+–3.5)
→(A–(B*((-C)+(-3.5))))
→

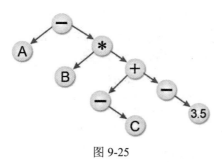

图 9-25

接着将二叉运算树进行前序与后序遍历，即可得此表达式的前序法与后序法：

- 前序：–A*B+–C–3.5。
- 后序：ABC–3.5–+*–。

再看一个范例：图 9-26 所示的二叉运算树的中序、后序与前序表示法是什么？

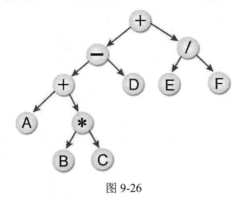

图 9-26

答：
- 中序：A+B*C-D+E/F。
- 前序：+-+A*BCD/EF。
- 后序：ABC*+D-EF/+。

下面的 Java 范例程序利用链表来实现二叉运算树。

【范例程序：Etree.java】

```
01    // 用链表实现二叉运算树
02
03    //节点类的声明
04    class TreeNode {
05        int value;
06        TreeNode left_Node;
07        TreeNode right_Node;
08        // TreeNode 构造函数
09        public TreeNode(int value) {
10            this.value=value;
11            this.left_Node=null;
12            this.right_Node=null;
13        }
14    }
15    //二叉查找树类的声明
16    class Binary_Search_Tree {
17        public TreeNode rootNode;  //二叉树的根节点
18        //构造函数：建立空的二叉查找树
19        public Binary_Search_Tree() { rootNode=null; }
20        //构造函数：利用传入一个数组的参数来建立二叉树
21        public Binary_Search_Tree(int[] data) {
22            for(int i=0;i<data.length;i++)
23                Add_Node_To_Tree(data[i]);
24        }
25        //将指定的值加入到二叉树中适当的节点
26        void Add_Node_To_Tree(int value) {
27            TreeNode currentNode=rootNode;
28            if(rootNode==null) { //建立树根
29                rootNode=new TreeNode(value);
30                return;
31            }
```

```
32              //建立二叉树
33              while(true) {
34                  if (value<currentNode.value) { //符合这个判断表示此节点在左子树
35                      if(currentNode.left_Node==null) {
36                          currentNode.left_Node=new TreeNode(value);
37                          return;
38                      }
39                      else currentNode=currentNode.left_Node;
40                  }
41                  else { //符合这个判断表示此节点在右子树
42                      if(currentNode.right_Node==null) {
43                          currentNode.right_Node=new TreeNode(value);
44                          return;
45                      }
46                      else currentNode=currentNode.right_Node;
47                  }
48              }
49          }
50  }
51
52  class Expression_Tree extends Binary_Search_Tree{
53      // 构造函数
54      public Expression_Tree(char[] information, int index) {
55          // create 方法可以将二叉树的数组表示法转换成链表表示法
56          rootNode = create(information, index);
57      }
58      // create 方法的程序内容
59      public TreeNode create(char[] sequence,int index) {
60          TreeNode tempNode;
61          if ( index >= sequence.length )    // 作为递归调用的出口条件
62              return null;
63          else {
64              tempNode = new TreeNode((int)sequence[index]);
65              // 建立左子树
66              tempNode.left_Node = create(sequence, 2*index);
67              // 建立右子树
68              tempNode.right_Node = create(sequence, 2*index+1);
69              return tempNode;
70          }
71      }
72      // preOrder(前序遍历)方法的程序内容
73      public void preOrder(TreeNode node) {
74          if ( node != null ) {
75              System.out.print((char)node.value);
76              preOrder(node.left_Node);
77              preOrder(node.right_Node);
78          }
79      }
80      // inOrder(中序遍历)方法的程序内容
81      public void inOrder(TreeNode node) {
82          if ( node != null ) {
83              inOrder(node.left_Node);
84              System.out.print((char)node.value);
85              inOrder(node.right_Node);
86          }
87      }
88      // postOrder(后序遍历)方法的程序内容
```

```java
89      public void postOrder(TreeNode node) {
90          if ( node != null ) {
91              postOrder(node.left_Node);
92              postOrder(node.right_Node);
93              System.out.print((char)node.value);
94          }
95      }
96      // 判断表达式如何运算的方法声明
97      public int condition(char oprator, int num1, int num2) {
98          switch ( oprator ) {
99              case '*': return ( num1 * num2 ); // 乘法请返回 num1 * num2
100             case '/': return ( num1 / num2 ); // 除法请返回 num1 / num2
101             case '+': return ( num1 + num2 ); // 加法请返回 num1 + num2
102             case '-': return ( num1 - num2 ); // 减法请返回 num1 - num2
103             case '%': return ( num1 % num2 ); // 取余数法请返回 num1 % num2
104         }
105         return -1;
106     }
107     // 传入根节点，用来计算此二叉运算树的值
108     public int answer(TreeNode node) {
109         int firstnumber = 0;
110         int secondnumber = 0;
111         // 递归调用的出口条件
112         if ( node.left_Node == null && node.right_Node == null )
113             // 将节点的值转换成数值后返回
114             return Character.getNumericValue((char)node.value);
115         else {
116             firstnumber = answer(node.left_Node);    // 计算左子树表达式的值
117             secondnumber = answer(node.right_Node); // 计算右子树表达式的值
118             return condition((char)node.value, firstnumber, secondnumber);
119         }
120     }
121 }
122 public class Etree {
123     public static void main(String[] args) {
124         // 将二叉运算树以数组的方式来声明
125         // 第一个表达式
126         char[] information1 = {' ','+','*','%','6','3','9','5' };
127         // 第二个表达式
128         char[] information2 = {' ','+','+','+','*','%','/','*',
129                                '1','2','3','2','6','3','2','2' };
130         Expression_Tree exp1 = new Expression_Tree(information1, 1);
131         System.out.println("====二叉运算树数值运算范例 1: ====");
132         System.out.println("===============================");
133         System.out.print("===转换成中序法表达式===: ");
134         exp1.inOrder(exp1.rootNode);
135         System.out.print("\n===转换成前序法表达式===: ");
136         exp1.preOrder(exp1.rootNode);
137         System.out.print("\n===转换成后序法表达式===: ");
138         exp1.postOrder(exp1.rootNode);
139         // 计算二叉树表达式的运算结果
140         System.out.print("\n 此二叉运算树，经过计算后所得到的结果值: ");
141         System.out.println(exp1.answer(exp1.rootNode));
142         // 建立第二棵二叉查找树对象
143         Expression_Tree exp2 = new Expression_Tree(information2, 1);
144         System.out.println();
```

```
145             System.out.println("====二叉运算树数值运算范例 2:====");
146             System.out.println("================================");
147             System.out.print("===转换成中序法表达式===:");
148             exp2.inOrder(exp2.rootNode);
149             System.out.print("\n===转换成前序法表达式===:");
150             exp2.preOrder(exp2.rootNode);
151             System.out.print("\n===转换成后序法表达式===:");
152             exp2.postOrder(exp2.rootNode);
153             // 计算二叉树表达式的运算结果
154             System.out.print("\n 此二叉运算树,经过计算后所得到的结果值:");
155             System.out.println(exp2.answer(exp2.rootNode));
156         }
157     }
```

【执行结果】参考图 9-27。

图 9-27

9.7 二叉排序树

事实上,二叉树是一种很好的排序应用模式,因为在建立二叉树的同时数据已经经过初步比较,并按照二叉树的建立规则来存放数据,规则如下:

(1)第一个输入数据当作此二叉树的树根。

(2)之后的数据以递归的方式与树根进行比较,小于树根置于左子树,大于树根置于右子树。

从上面的规则我们可以知道,左子树内的值一定小于树根,右子树内的值一定大于树根。因此,只要利用"中序遍历"方式就可以得到从小到大排序好的数据,如果想从大到小排列,则可将最后结果置于堆栈内再依次弹出(POP)。

下面用一组数据(32, 25, 16, 35, 27)建立一棵二叉排序树,如图 9-28 所示。

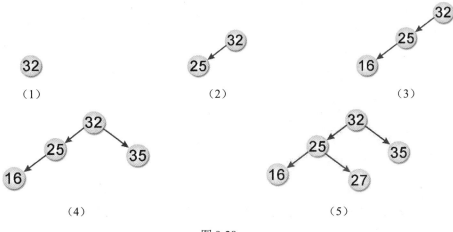

图 9-28

图 9-28 中的最后一个就是建立完成的二叉排序树，通过中序遍历即可得出 16、25、27、32、35 从小到大的排列。因为在输入数据的同时就开始建立二叉树，所以在完成数据输入并建立二叉排序树后，通过中序遍历就可以轻松得到排序的结果。

下面的 Java 范例程序实现了二叉排序树。

【范例程序：ltree.java】

```
01    // 利用中序遍历进行排序
02
03    import java.io.*;
04    class TreeNode
05    {
06        int value;
07        TreeNode left_Node;
08        TreeNode right_Node;
09
10        public TreeNode(int value)
11        {
12            this.value=value;
13            this.left_Node=null;
14            this.right_Node=null;
15        }
16    }
17
18    class BinaryTree
19    {
20        public TreeNode rootNode;
21
22        public void Add_Node_To_Tree(int value)
23        {
24            if (rootNode==null)
25            {
26                rootNode=new TreeNode(value);
27                return;
28            }
29            TreeNode currentNode=rootNode;
30            while(true)
31            {
32                if(value<currentNode.value)
```

```
33                {
34                    if(currentNode.left_Node==null)
35                    {
36                        currentNode.left_Node=new TreeNode(value);
37                        return;
38                    }
39                    else
40                        currentNode=currentNode.left_Node;
41                }
42                else
43                {
44                    if(currentNode.right_Node==null)
45                    {
46                        currentNode.right_Node=new TreeNode(value);
47                        return;
48                    }
49                    else
50                        currentNode=currentNode.right_Node;
51                }
52            }
53        }
54        public  void InOrder(TreeNode node)
55        {
56            if (node!=null)
57            {
58                InOrder(node.left_Node);
59                System.out.print("["+node.value+"] ");
60                InOrder(node.right_Node);
61            }
62        }
63
64        public  void PreOrder(TreeNode node)
65        {
66            if (node!=null)
67            {
68                System.out.print("["+node.value+"] ");
69                PreOrder(node.left_Node);
70                PreOrder(node.right_Node);
71            }
72        }
73
74        public void PostOrder(TreeNode node)
75        {
76            if (node!=null)
77            {
78                PostOrder(node.left_Node);
79                PostOrder(node.right_Node);
80                System.out.print("["+node.value+"] ");
81            }
82        }
83  }
84  public class Itree
85  {
86  public static void main(String args[]) throws IOException
87      {
88          int value;
89          BinaryTree tree=new BinaryTree();
90          BufferedReader keyin=new BufferedReader(new
    InputStreamReader(System.in));
```

```
91          System.out.print("请输入数据,结束请输入-1: \n");
92          while(true)
93          {
94              value=Integer.parseInt(keyin.readLine());
95              if(value==-1)
96                  break;
97              tree.Add_Node_To_Tree(value);
98          }
99          System.out.print("====================: \n");
100         System.out.print("排序完成的结果: \n");
101         tree.InOrder(tree.rootNode);
102         System.out.print("\n");
103     }
104 }
```

【执行结果】参考图 9-29。

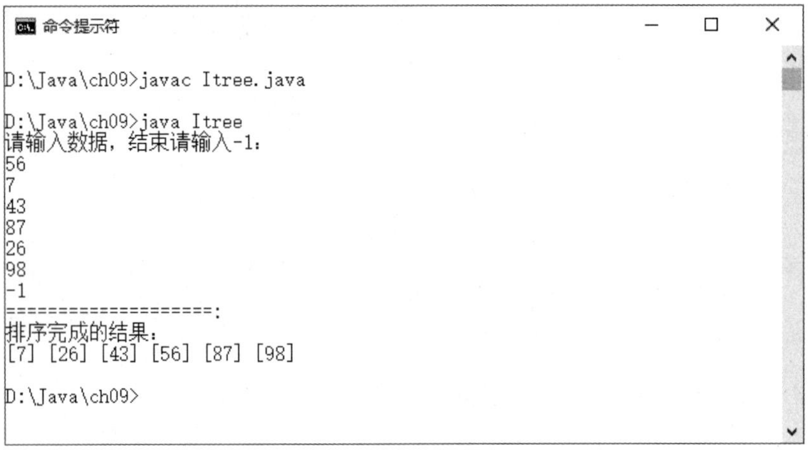

```
D:\Java\ch09>javac Itree.java

D:\Java\ch09>java Itree
请输入数据,结束请输入-1:
56
7
43
87
26
98
-1
====================:
排序完成的结果:
[7] [26] [43] [56] [87] [98]

D:\Java\ch09>
```

图 9-29

9.8 线索二叉树

虽然我们把树转换为二叉树可减少空间的浪费——由 2/3 降低到 1/2,但是如果仔细观察之前我们使用链表建立的 n 节点二叉树,就会发现用来指向左右两节点的指针只有 $n-1$ 个链接,另外的 $n+1$ 个指针都是空链接。把这些空的链接加以利用,再指到树的其他节点,这些链接就称为"线索"(Thread),这棵树就称为线索二叉树(Threaded Binary Tree)。将二叉树转换为线索二叉树的步骤如下:

① 先将二叉树通过中序遍历方式按序排出,并将所有空链接改成线索。
② 如果线索链接指向该节点的左链接,则将该线索指到中序遍历顺序下前一个节点。
③ 如果线索链接指向该节点的右链接,则将该线索指到中序遍历顺序下的后一个节点。
④ 指向一个空节点,并将此空节点的右链接指向自己,空节点的左子树是线索二叉树。

线索二叉树的基本结构如下:

| LBIT | LCHILD | DATA | RCHILD | RBIT |

- LBIT：左控制位。
- LCHILD：左子树链接。
- DATA：节点数据。
- RCHILD：右子树链接。
- RBIT：右控制位。

和链表所建立的二叉树不同的是为了区别正常指针或线索而加入的两个字段：LBIT 及 RBIT。

- 如果 LCHILD 为正常指针，则 LBIT=1。
- 如果 LCHILD 为线索，则 LBIT=0。
- 如果 RCHILD 为正常指针，则 RBIT=1。
- 如果 RCHILD 为线索，则 RBIT=0。

节点的声明方式如下：

```
class ThreadedNode
{
    int data,lbit,rbit;
    ThreadedNode lchild;
    ThreadedNode rchild;
    //构造函数
    public ThreadedNode(int data,int lbit,int rbit)
    {
        初始化程序代码
    }
}
```

接着我们来练习如何将如图 9-30 所示的二叉树转换为线索二叉树。

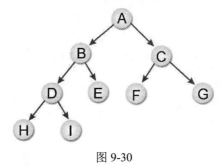

图 9-30

（1）以中序遍历二叉树：HDIBEAFCG。
（2）找出相对应的线索二叉树，并按照 HDIBEAFCG 顺序求得如图 9-31 所示的结果。

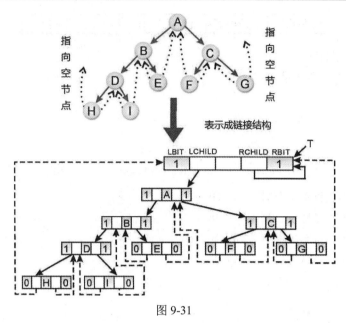

图 9-31

线索二叉树的优缺点如下：

优点：

① 在线索二叉树进行中序遍历时不需要使用堆栈处理，但一般二叉树需要。

② 由于充分使用空链接，因此避免了链接闲置浪费的情况。另外，在中序遍历时速度也较快，节省不少时间。

③ 任一节点都容易找出它的中序先行者与中序后继者，在中序遍历时可以不使用堆栈或递归。

缺点：

① 在加入或删除节点时的速度比一般二叉树慢。

② 线索子树间不能共用。

下面的 Java 范例程序利用线索二叉树来遍历某一节点 X 的中序前行者与中序后续者。

【范例程序：Ttree.java】

```
01    // 线索二叉树的建立与中序遍历
02
03    import java.io.*;
04    //线索二叉树中的节点声明
05    class ThreadNode {
06        int value;
07        int left_Thread;
08        int right_Thread;
09        ThreadNode left_Node;
10        ThreadNode right_Node;
11        // TreeNode 构造函数
12        public ThreadNode(int value) {
13            this.value=value;
14            this.left_Thread=0;
15            this.right_Thread=0;
```

```
16              this.left_Node=null;
17              this.right_Node=null;
18          }
19     }
20     //线索二叉树类的声明
21     class Threaded_Binary_Tree{
22         public ThreadNode rootNode;  //线索二叉树的根节点
23
24         //无传入参数的构造函数
25         public Threaded_Binary_Tree() {
26             rootNode=null;
27         }
28
29         //构造函数：建立线索二叉树，传入参数为一个数组
30         //数组中的第一个数据是用来建立线索二叉树的根节点
31         public Threaded_Binary_Tree(int data[]) {
32             for(int i=0;i<data.length;i++)
33                 Add_Node_To_Tree(data[i]);
34         }
35         //将指定的值加入到线索二叉树
36         void Add_Node_To_Tree(int value) {
37             ThreadNode newnode=new ThreadNode(value);
38             ThreadNode current;
39             ThreadNode parent;
40             ThreadNode previous=new ThreadNode(value);
41             int pos;
42             //设置线索二叉树的开头节点
43             if(rootNode==null) {
44                 rootNode=newnode;
45                 rootNode.left_Node=rootNode;
46                 rootNode.right_Node=null;
47                 rootNode.left_Thread=0;
48                 rootNode.right_Thread=1;
49                 return;
50             }
51             //设置开头节点所指的节点
52             current=rootNode.right_Node;
53             if(current==null){
54                 rootNode.right_Node=newnode;
55                 newnode.left_Node=rootNode;
56                 newnode.right_Node=rootNode;
57                 return ;
58             }
59             parent=rootNode;  //父节点是开头节点
60             pos=0;  //设置二叉树中的行进方向
61             while(current!=null) {
62                 if(current.value>value) {
63                     if(pos!=-1) {
64                         pos=-1;
65                         previous=parent;
66                     }
67                     parent=current;
68                     if(current.left_Thread==1)
69                         current=current.left_Node;
70                     else
71                         current=null;
72                 }
73                 else {
```

```
74                    if(pos!=1) {
75                        pos=1;
76                        previous=parent;
77                    }
78                    parent=current;
79                    if(current.right_Thread==1)
80                        current=current.right_Node;
81                    else
82                        current=null;
83                }
84            }
85            if(parent.value>value) {
86                parent.left_Thread=1;
87                parent.left_Node=newnode;
88                newnode.left_Node=previous;
89                newnode.right_Node=parent;
90            }
91            else {
92                parent.right_Thread=1;
93                parent.right_Node=newnode;
94                newnode.left_Node=parent;
95                newnode.right_Node=previous;
96            }
97            return ;
98        }
99        //线索二叉树中序遍历
100       void print() {
101           ThreadNode tempNode;
102           tempNode=rootNode;
103           do {
104               if(tempNode.right_Thread==0)
105                   tempNode=tempNode.right_Node;
106               else
107               {
108                   tempNode=tempNode.right_Node;
109                   while(tempNode.left_Thread!=0)
110                       tempNode=tempNode.left_Node;
111               }
112               if(tempNode!=rootNode)
113                   System.out.println("["+tempNode.value+"]");
114           } while(tempNode!=rootNode);
115       }
116   }
117
118   public class Ttree {
119       public static void main(String[] args) throws IOException {
120           System.out.println("线索二叉树经建立后,以中序遍历有排序的效果");
121           System.out.println("除了第一个数字作为线索二叉树的开头节点外");
122           int[] data1={0,10,20,30,100,399,453,43,237,373,655};
123           Threaded_Binary_Tree tree1=new Threaded_Binary_Tree(data1);
124           System.out.println("===================================");
125           System.out.println("范例 1 ");
126           System.out.println("数字从小到大的排序结果为: ");
127           tree1.print();
128           int[] data2={0,101,118,87,12,765,65};
129           Threaded_Binary_Tree tree2=new Threaded_Binary_Tree(data2);
130           System.out.println("===================================");
131           System.out.println("范例 2 ");
```

```
132              System.out.println("数字从小到大的排序结果为: ");
133              tree2.print();
134         }
135    }
```

【执行结果】参考图 9-32。

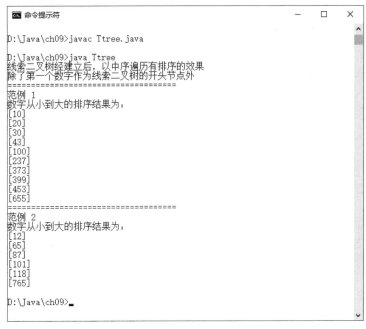

图 9-32

9.9 扩充二叉树

在任何一个二叉树中，若具有 n 个节点，则有 $n-1$ 个非空链接和 $n+1$ 个空链接。在每一个空链接中加上一个特定节点，就称为外节点，其余的节点称为内节点，此种树称为"扩充二叉树"（Extension Binary Tree）。另外，外径长＝所有外节点到树根距离的总和，内径长＝所有内节点到树根距离的总和。下面以图 9-33 中的（a）和（b）来说明扩充二叉树的绘制过程。图 9-34 为图 9-33（a）的扩充二叉树，图 9-35 为图 9-33（b）的扩充二叉树。

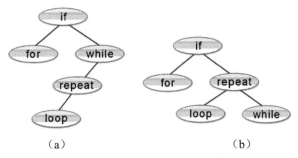

图 9-33

□：代表外部节点

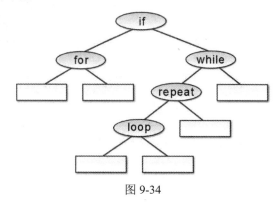

图 9-34

在图 9-34 中，外径长为(2+2+4+4+3+2)=17，内径长为(1+1+2+3)=7。

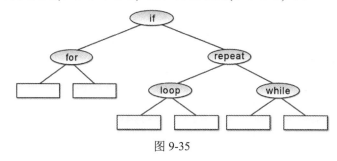

图 9-35

在图 9-35 中，外径长为(2+2+3+3+3+3)=16，内径长为(1+1+2+2)=6。

以图 9-33 为例，如果每个外部节点有加权值（例如查找概率等），则外径长必须考虑相关加权值，或称为加权外径长。下面将讨论图 9-33（a）和图 9-33（b）的加权外径长，具有加权值的扩充二叉树如图 9-36 和图 9-37 所示。

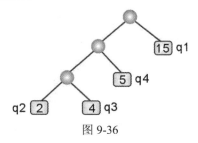

图 9-36

对图 9-33（a）来说，加权外径长为 2×3 + 4×3 + 5×2 + 15×1 = 43。

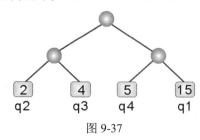

图 9-37

对图 9-33（b）来说，加权外径长为 2×2 + 4×2 + 5×2 + 15×2 = 52。

9.10　哈夫曼树

哈夫曼树可以根据数据出现的频率来构建二叉树，经常应用于处理数据压缩。例如数据的存储和传输是数据处理的两个重要领域，两者都和数据量的大小息息相关，而哈夫曼树正好可以用于数据压缩的算法。

简单来说，如果有 n 个权值（$q_1, q_2, \cdots, q_n$），且构成一个有 n 个节点的二叉树，每个节点的外部节点权值为 q_i，则加权外径长最小的就称为"优化二叉树"或"哈夫曼树"（Huffman Tree，也称为霍夫曼树）。对上一节中，图 9-33 中的两棵二叉树而言，图（a）就是二者的优化二叉树。接下来我们将说明对一个含权值的链表求优化二叉树的步骤：

① 产生两个节点，对数据中出现过的每一个元素产生一个叶节点，并赋予叶节点该元素的出现频率。

② 令 N 为 T_1 和 T_2 的父节点，T_1 和 T_2 是 T 中出现频率最低的两个节点，令 N 节点的出现频率等于 T_1 和 T_2 出现频率的总和。

③ 去掉步骤②的两个节点，插入 N，再重复步骤①。

我们将利用上述步骤来实现求取哈夫曼树的过程。假设现在有 5 个字母 B、D、A、C、E，出现频率分别为 0.09、0.12、0.19、0.21、0.39。

（1）取出最小的 0.09 和 0.12，合并成一棵新的二叉树，其根节点的频率为 0.21，如图 9-38 所示。

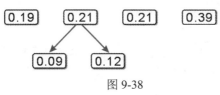

图 9-38

（2）再取出 0.19 和 0.21 为根的二叉树合并后，得到 0.40 为根的新二叉树，如图 9-39 所示。

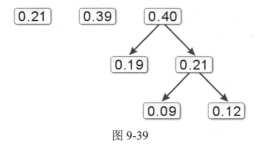

图 9-39

（3）再取出 0.21 和 0.39 的节点，产生频率为 0.6 的新节点，得到右边的新二叉树，如图 9-40 所示。

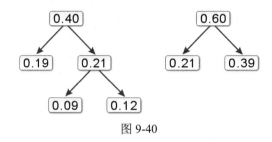

图 9-40

最后取出 0.40 和 0.60 两个二叉树的根节点，将它们合并成频率为 1.0 的节点，至此哈夫曼树完成。

9.11 平衡树

二叉查找树的缺点是无法永远保持在最佳状态，在加入的数据部分已排序的情况下极有可能产生斜二叉树，从而使树的高度增加，导致查找效率降低。因此，一般的二叉查找树不适用于数据经常变动（加入或删除）的情况。为了能够尽量降低所需要的时间、在查找的时候能够很快找到所要的键值，就要让树的高度越小越好。

平衡树（Balanced Binary Tree）又称为 AVL 树（是由 Adelson-Velskii 和 Landis 两人所发明的），它本身也是一棵二叉查找树，见图 9-41（a）。在 AVL 树中，每次在插入或删除数据后，若有必要都会对二叉树做一些高度的调整，从而让二叉查找树的高度随时维持平衡。图 9-41（b）则是一棵非 AVL 树。

平衡树的正式定义为 T 是一个非空的二叉树，T_l 和 T_r 分别是它的左右子树，若符合下列两个条件，则称 T 是一个高度平衡树：

- T_l 和 T_r 也是高度平衡树。
- $|h_l-h_r|\leqslant 1$，h_l 和 h_r 分别为 T_l 和 T_r 的高度，也就是所有内部节点的左、右子树高度相差必定小于或等于 1。

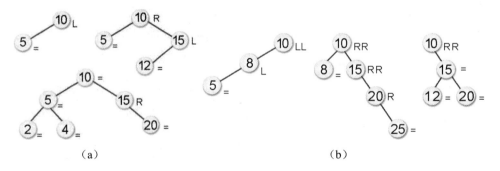

图 9-41

要调整一棵二叉查找树成为一棵平衡树，最重要的是找出"不平衡点"，然后按照以下 4 种不同旋转形式（见图 9-42~图 9-45）重新调整其左右子树的长度。令新插入的节点为 N，且其最近的一个具有±2 的平衡因子节点为 A，下一层为 B，再下一层为 C。

- 左左型（LL 型），如图 9-42 所示。

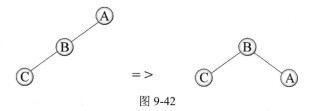

图 9-42

- 左右型（LR 型），如图 9-43 所示。

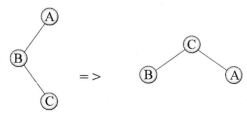

图 9-43

- 右右型（RR 型），如图 9-44 所示。

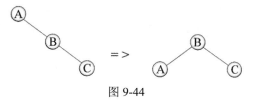

图 9-44

- 右左（RL 型），如图 9-45 所示。

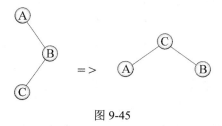

图 9-45

现在我们来实现一个范例。图 9-46 所示为一棵二叉树，原来是平衡的，加入节点 12 后就不平衡了，需要重新调整成平衡树，但不可破坏原有的次序结构。

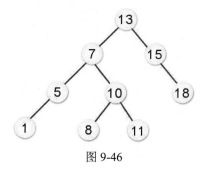

图 9-46

加入节点 12 之后再调整，结果如图 9-47 所示。

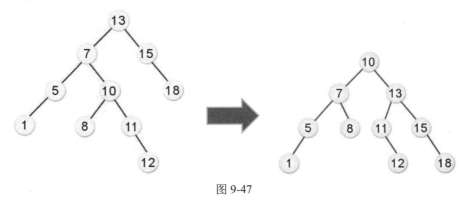

图 9-47

9.12　机器学习与博弈树

人工智能的概念最早是由美国科学家 John McCarthy 于 1955 年提出的，目标为使计算机具有类似人类学习解决复杂问题与进行思考等能力，凡是模拟人类的听、说、读、写、看、动作等的计算机技术都被归类为人工智能的研究范围。

9.12.1　机器学习

人工智能（AI）最大的优势在于"化繁为简"，将复杂的大数据加以解析。机器学习（Machine Learning，ML）是大数据与 AI 发展相当重要的一环，通过算法给予计算机大量的"训练数据（Training Data）"，可以发掘出多数据元变动因素之间的关联性，进而自动学习并且做出预测（机器模仿人的行为），大量数据输入计算机后，让计算机自行通过算法找出其中的规律性。对机器学习的模型来说，用户越频繁使用、数据量越大越有帮助，机器就可以学习得更快，进而不断提升预测效果。机器学习的应用范围相当广泛，包括健康监控、自动驾驶、自动控制、自然语言、医疗成像诊断工具、计算机视觉、工厂控制系统、机器人、网络营销等领域。

> **提　示**
>
> "云"泛指"网络"，这个名字的源头是工程师通常把网络架构图中不同的网络用"云朵"的形状来表示。云计算就是将网络连接的各种计算设备的运算能力提供出来作为一种服务，只要用户可以通过网络登录远程服务器进行操作，就可以使用这种计算资源。TensorFlow 是 Google 公司于 2015 年发布的开放源代码机器学习函数库（由 Google Brain 团队所开发），它可以让许多矩阵运算达到最好的性能，并且提供了不少针对移动端训练和优化好的模型，无论是 Android 还是 iOS 平台的开发者都可以使用，例如 Gmail、Google 相簿、Google 翻译等都有 TensorFlow 的影子。

随着移动互联网营销带来的各式各样的大数据不但精确而且丰富，如此庞杂与多维的数据最适合利用机器学习来解决。例如，视频网站致力于提供用户个人化的服务体验，其中有些视频网站导入了 TensorFlow 机器学习技术，筛选出用户可能感兴趣的影片，并显示在"推荐影片"列表中。不论是喜欢还是不喜欢的影片都会成为机器学习的训练数据，经过学习后，机器便会根据记录的这些观看经验列出更符合用户喜好的影片。

9.12.2 博弈树算法

符合博弈法则的决策树（Decision Tree）被称为博弈树（Game Tree）。在游戏中的人工智能经常以博弈树的数据结构来实现。对于数据结构而言，博弈树本身是人工智能中的一个重要概念。在信息管理系统（Management Information System，MIS）中，决策树是决策支持系统（Decision Support System，DSS）执行的基础。

在机器学习中，博弈树是一个预测模型。简单来说，博弈树使用树结构的方法来讨论一个问题的各种可能性。下面用典型的"8 枚金币"问题来阐述博弈树的概念。假设有 8 枚金币 a、b、c、d、e、f、g、h，其中有一枚金币是伪造的（伪造金币的特征是重量稍轻或偏重），那么如何使用博弈树的方法来找出这枚伪造的金币？以 L 表示伪造的金币轻于真品，以 H 表示伪造的金币重于真品。第一次比较时，从 8 枚金币中任意挑选 6 枚：a、b、c、d、e、f，分成 2 组来比较重量，则会出现下列 3 种情况：

```
(a+b+c)>(d+e+f)
(a+b+c)=(d+e+f)
(a+b+c)<(d+e+f)
```

我们可以按照以上步骤画出如图 9-48 所示的博弈树。

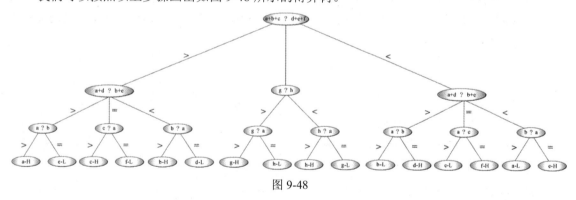

图 9-48

如果我们要设计的游戏属于"棋类"或"纸牌类"，那么所采用的技巧在于进行游戏时机器"决策"的能力，简单地说就是该下哪一步棋或者该出哪一张牌。因为游戏时可能发生的情况很多，例如象棋游戏的人工智能必须在所有可能的情况中选择一步对自己最有利的棋，这时博弈树就可以派上用场了。

通常此类游戏人工智能的实现技巧是先找出所有可走的棋（或可出的牌），然后逐一判断走这步棋（或出这张牌）的优劣程度如何，或者替这步棋打个分数，然后选择走得分最高的那步棋。

一个常被用来讨论博弈型人工智能的简单例子是"井"字棋游戏，因为它可能发生的情况不多，我们大概只要花十分钟便能分析完所有可能的情况，并且找出最佳的玩法。例如，图 9-49 表示在某种情况下 X 方的博弈树。

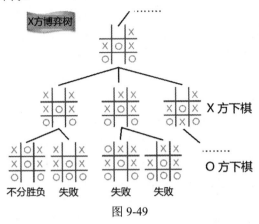

图 9-49

图 9-49 是"井"字棋游戏的部分博弈树，下一步是 X 方下棋，很明显 X 方绝对不能选择第二层的第二种下法，因为 X 方必败无疑。我们可以看出这个博弈决策形成树结构，所以称为"博弈树"，而树结构正是数据结构所讨论的范围，这说明数据结构也是人工智能的基础，博弈决策形成人工智能的基础是查找，即在所有可能的情况下找出可能获胜的下法。

课后习题

1. 一般树结构在计算机内存中的存储方式是以链表为主的，对于 n 叉树来说，我们必须取 n 为链接个数的最大固定长度。试说明为了改进存储空间浪费的缺点我们经常使用二叉树结构来取代树结构。

2. 下列哪一种不是树？
   （A）一个节点
   （B）环形链表
   （C）一个没有回路的连通图
   （D）一个边数比点数少 1 的连通图

3. 以下二叉树的中序、后序及前序表达式分别是什么？

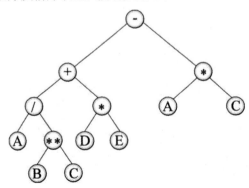

4. 以下二叉树的中序、前序以及后序表达式分别是什么？

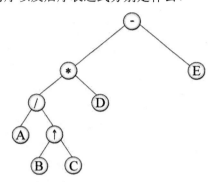

5. 试以链表来描述以下树结构的数据结构。

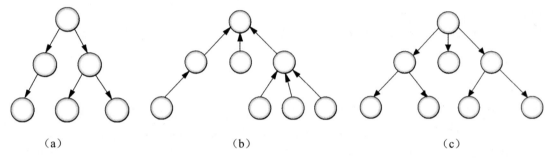

(a)　　　　　　　　(b)　　　　　　　　(c)

6. 假如有一棵非空树，其度数为5，已知度数为 i 的节点数有 i 个，其中 $1 \leq i \leq 5$，试问终端节点的总数是多少？

7. 以下二叉树的中序、前序以及后序遍历结果分别是什么？

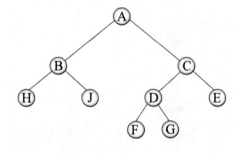

第 10 章

图结构及其算法

图除了被应用在数据结构中最短路径搜索、拓扑排序外,还能应用在系统分析中以时间为评审标准的性能评审技术(Performance Evaluation and Review Technique,PERT)或者"IC 电路设计""交通网络规划"(见图 10-1)等关于图的应用中。例如,如何计算网络上两个节点之间最短距离的问题就变成图的数据结构要处理的问题,采用 Dijkstra 这种图算法就能快速找出两个节点之间的最短路径。如果没有 Dijkstra 算法,那么现代网络的运行效率必将大大降低。

图 10-1

10.1 图的数据表示法

在 3.4 节学习了图的各种定义与概念之后,有关图的数据表示法就显得重要了。常用来表达图的数据结构的方法很多,本节将介绍 4 种表示法。

10.1.1 邻接矩阵法

图 A 有 n 个顶点，以 $n\times n$ 的二维矩阵列来表示。此矩阵的定义如下：

对于一个图 $G = (V, E)$，假设有 n 个顶点，$n\geqslant 1$，则可以将 n 个顶点的图，使用一个 $n\times n$ 的二维矩阵来表示。其中，若 $A(i, j) = 1$，则表示图中有一条边(V_i, V_j)存在；反之，$A(i, j) = 0$，则不存在边(V_i, V_j)。

相关特性说明如下：

（1）对无向图而言，邻接矩阵一定是对称的，而且对角线一定为 0。有向图则不一定如此。

（2）在无向图中，任一节点 i 的度数为 $\sum_{j=1}^{n} A(i,j)$，也就是第 i 行所有元素之和。在有向图中，节点 i 的出度数为 $\sum_{j=1}^{n} A(i,j)$，也就是第 i 行所有元素的和；入度数为 $\sum_{i=1}^{n} A(i,j)$，就是第 j 列所有元素的和。

（3）用邻接矩阵法表示图共需要 n^2 个单位空间，由于无向图的邻接矩阵一定要具有对称关系，所以扣除对角线全部为零外，存储上三角形或下三角形的数据即可，因此仅需 $n(n-1)/2$ 的单位空间。

下面来看一个范例：用邻接矩阵表示如图 10-2 所示的无向图。

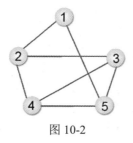

图 10-2

因图 10-2 中共有 5 个顶点，故使用 5×5 的二维数组来存储数据。在该图中，先找和①相邻的顶点有哪些，把和①相邻的顶点坐标填入 1。

在邻接矩阵中填写与顶点 1 相邻的顶点 2 和顶点 5，如图 10-3 所示。以此类推其他顶点，填写完毕的邻接矩阵如图 10-4 所示。

	1	2	3	4	5
1	0	1	0	0	1
2	1	0			
3	0		0		
4	0			0	
5	1				0

图 10-3

	1	2	3	4	5
1	0	1	0	0	1
2	1	0	1	1	0
3	0	1	0	1	1
4	0	1	1	0	1
5	1	0	1	1	0

图 10-4

对于有向图，邻接矩阵不一定是对称矩阵。其中，节点 i 的出度数为 $\sum_{j=1}^{n} A(i,j)$，也就是第 i 行所有元素 1 的和；入度数为 $\sum_{i=1}^{n} A(i,j)$，也就是第 j 列所有元素 1 的和。图 10-5 所示的是一个有向图及其邻接矩阵。

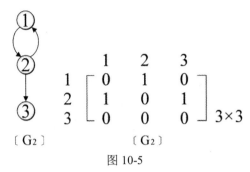

图 10-5

用 Java 语言描述的无向图和有向图的 6×6 邻接矩阵的算法如下：

```
for (i=0;i<14;i++)              //读取图的数据
    for (j=0;j<6;j++)           //填入 arr 矩阵
        for (k=0;k<6;k++)
        {
            tmpi=data[i][0];    //tmpi 为起始顶点
            tmpj=data[i][1];    //tmpj 为终止顶点
            arr[tmpi][tmpj]=1;  //有边的点填入 1
        }
System.out.print("无向图矩阵：\n");
for (i=1;i<6;i++)
{
    for (j=1;j<6;j++)
        System.out.print("["+arr[i][j]+"] ");   //打印矩阵内容
    System.out.print("\n");
}
```

假设有一个有向图，各边的起点值和终点值如下：

```
int [][] data={{1,2},{2,1},{2,3},{2,4},{4,3}};
```

试输出此图的邻接矩阵。

【范例程序：Matrix.java】

```
01      // 使用邻接矩阵来表示有向图
02
03      import java.io.*;
04      public class Matrix
05      {
06          public static void main(String args[]) throws IOException
07          {
08              int arr[][]=new int[5][5];   //声明矩阵 arr
09              int i,j,tmpi,tmpj;
```

```
10          int [][] data={{1,2},{2,1},{2,3},{2,4},{4,3}};    //图各边的起点值和终
            点值
11          for (i=0;i<5;i++)              //把矩阵清为 0
12              for (j=0;j<5;j++)
13                  arr[i][j]=0;
14          for (i=0;i<5;i++)              //读取图的数据
15              for (j=0;j<5;j++)          //填入 arr 矩阵
16              {
17                  tmpi=data[i][0];       //tmpi 为起始顶点
18                  tmpj=data[i][1];       //tmpj 为终止顶点
19                  arr[tmpi][tmpj]=1;     //有边的点填入 1
20              }
21          System.out.print("有向图矩阵：\n");
22          for (i=1;i<5;i++)
23          {
24              for (j=1;j<5;j++)
25                  System.out.print("["+arr[i][j]+"] ");   //打印矩阵内容
26              System.out.print("\n");
27          }
28      }
29  }
```

【执行结果】参考图 10-6。

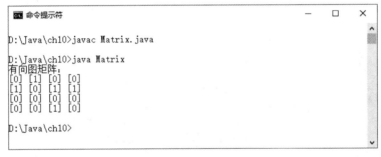

图 10-6

10.1.2 邻接链表法

前面所介绍的邻接矩阵法的优点是借着矩阵的运算有许多针对图的特别的应用。要在图中加入新边时，这个表示法的插入与删除操作相当简易。不过，稀疏矩阵空间比较浪费，并且计算所有顶点的度数时其时间复杂度为 $O(n^2)$。

可以考虑更有效的方法——邻接链表法（Adjacency List）。这种表示法就是将一个 n 行的邻接矩阵表示成 n 个链表，比邻接矩阵节省空间，并且计算所有顶点的度数时其时间复杂度为 $O(n+e)$，缺点是若有新边加入或从图中删除边时则要修改相关的链接，较为麻烦费时。

将图的 n 个顶点作为 n 个链表头，每个链表中的节点表示它们和链表头节点之间有边相连。
Java 的节点声明如下：

```
class Node
{
    int x;
```

```
    Node next;
    public Node(int x)
    {
        this.x=x;
        this.next=null;
    }
}
```

在无向图中,因为对称的关系,若有 n 个顶点、m 个边,则形成 n 个链表头、$2m$ 个节点。在有向图中,则有 n 个链表头、m 个顶点,因此在邻接表中求所有顶点度数所需的时间复杂度为 $O(n+m)$。下面使用邻接链表来表示图 10-7 中所示的无向图(a)和有向图(b)。

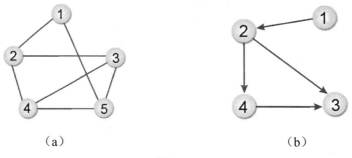

图 10-7

图 10-7(a)中有 5 个顶点,所以使用 5 个链表头。V_1 链表代表顶点 1,与顶点 1 相邻的顶点有 2 和 5,以此类推,得到的邻接链表如图 10-8 所示。

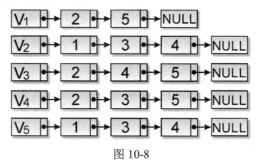

图 10-8

在图 10-7(b)中,有 4 个顶点,因而有 4 个链表头。V_1 链表代表顶点 1,与顶点 1 相邻的顶点有 2,以此类推,最终得到的邻接链表如图 10-9 所示。

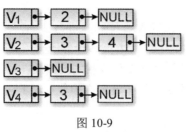

图 10-9

表 10-1 是有关邻接矩阵法和邻接链表法来表示图的优缺点。

表 10-1 邻接矩阵法和邻接链表法的优缺点

表示法 \ 优缺点	优点	缺点
邻接矩阵法	①实现简单 ②计算度数相当方便 ③要在图中加入新边时，插入与删除相当简易	①顶点与顶点间的路径不多时，易造成稀疏矩阵而浪费内存空间 ②计算所有顶点的度数时，其时间复杂度为 $O(n^2)$
邻接链表法	①比邻接矩阵法节省空间 ②计算所有顶点的度数时，其时间复杂度为 $O(n+e)$，比邻接矩阵法快	①要求解入度数时，必须先求其反转表 ②加入或删除边要改动相关的表链接，较为麻烦费时

【范例程序：Adj.java】

```
01    // 使用邻接链表来表示图(a)
02
03    import java.io.*;
04
05    class Node
06    {
07        int x;
08        Node next;
09        public Node(int x)
10        {
11            this.x=x;
12            this.next=null;
13        }
14    }
15    class GraphLink
16    {
17        public Node first;
18        public Node last;
19        public boolean isEmpty()
20        {
21            return first==null;
22        }
23        public void print()
24        {
25            Node current=first;
26            while(current!=null)
27            {
28                System.out.print("["+current.x+"]");
29                current=current.next;
30
31            }
32            System.out.println();
33        }
34        public void insert(int x)
35        {
36            Node newNode=new Node(x);
37            if(this.isEmpty())
38            {
39                first=newNode;
40                last=newNode;
41            }
42            else
```

```
43            {
44                last.next=newNode;
45                last=newNode;
46            }
47        }
48  }
49  public class Adj
50  {
51      public static void main (String args[])throws IOException
52      {
53          int Data[][] = //图的数组声明
54                       { {1,2},{2,1},{1,5},{5,1},{2,3},{3,2},{2,4},
55                         {4,2},{3,4},{4,3},{3,5},{5,3},{4,5},{5,4} };
56          int DataNum;
57          int i,j;
58
59          System.out.println("图(a)的邻接链表内容：");
60          GraphLink Head[] = new GraphLink[6];
61          for ( i=1 ; i<6 ; i++ )
62          {
63              Head[i]=new GraphLink();
64              System.out.print("顶点"+i+"=>");
65              for( j=0 ; j<14 ;j++)
66              {
67                  if(Data[j][0]==i)
68                  {
69                      DataNum = Data[j][1];
70                      Head[i].insert(DataNum);
71                  }
72              }
73              Head[i].print();
74          }
75      }
76  }
```

【执行结果】参考图 10-10。

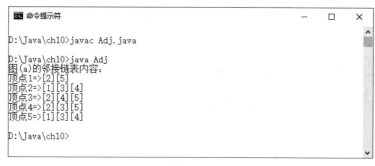

图 10-10

10.1.3 邻接复合链表法

上面介绍了两个图的表示法都是从图的顶点出发，如果要处理的是"边"则必须使用邻接复合链表（或称为邻接多叉链表）。邻接复合链表是处理无向图的另一种方法。邻接复合链表的节点用于存储边的数据，其结构如下：

M	V₁	V₂	LINK1	LINK2
记录单元	边起点	边终点	起点指针	终点指针

其中，相关特性说明如下：

- **M**：记录该边是否被找过的字段，此字段为一比特。
- **V₁ 和 V₂**：所记录的边的起点与终点。
- **LINK1**：在尚有其他顶点与 V_1 相连的情况下，此字段会指向下一个与 V_1 相连的边节点，如果已经没有任何顶点与 V_1 相连，则指向 None。
- **LINK2**：在尚有其他顶点与 V_2 相连的情况下，此字段会指向下一个与 V_2 相连的边节点，如果已经没有任何顶点与 V_2 相连，则指向 None。

例如，有 3 条边(1, 2)(1, 3)(2, 4)，用邻接复合链表法表示边(1, 2)的表示法如图 10-11 所示。

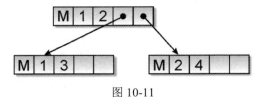

图 10-11

下面以邻接复合链表来表示图 10-12 所示的无向图。

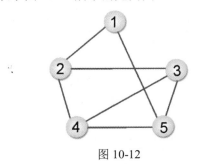

图 10-12

分别把顶点和边的节点找出来，生成的邻接复合链表如图 10-13 所示。

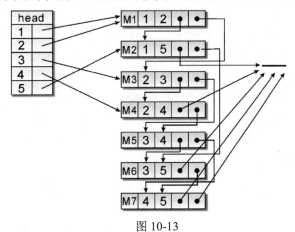

图 10-13

10.1.4 索引表格法

索引表格表示法用一维数组来按序存储与各顶点相邻的所有顶点，并建立索引表格来记录各顶点在此一维数组中第一个与该顶点相邻的位置。我们将以图 10-14 为例来介绍索引表格法，其对应的索引表格法的表示形式如图 10-15 所示。

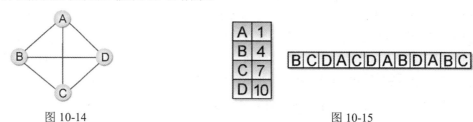

图 10-14　　　　　　　　　　　　　　图 10-15

10.2　图的遍历

树的遍历目的是访问树的每一个节点一次，可用的方法有中序法、前序法和后序法。图的遍历可以定义如下：

一个图 $G = (V, E)$，存在某一顶点 v，我们希望从 v 开始，通过此节点相邻的节点而去访问图 G 中的其他节点。也就是从某一个顶点 V_1 开始，遍历可以经过 V_1 到达的顶点，接着再遍历下一个顶点直到全部的顶点遍历完毕。

在遍历的过程中可能会重复经过某些顶点和边。通过图的遍历可以判断该图是否连通，并找出连通分支和路径。图遍历的方法有两种："深度优先遍历"和"广度优先遍历"（也称为"深度优先搜索"和"广度优先搜索"）。

10.2.1 深度优先遍历法

深度优先遍历（Depth First Search，DFS）法的方式有点类似于前序遍历，从图的某一个顶点开始遍历，被访问过的顶点做上已访问的记号，接着遍历此顶点的所有相邻且未访问过的顶点中的任意一个顶点，并做上已访问的记号，再以该点为新的起点继续进行深度优先的搜索。

这种图的遍历方法结合了递归和堆栈两种数据结构的技巧，由于此方法会造成无限循环，因此必须加入一个变量，判断该点是否已经遍历完毕。下面我们以图 10-16 所示的无向图为例来看看深度优先遍历法的遍历过程。

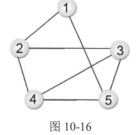

图 10-16

① 以顶点 1 为起点，将相邻的顶点 5 和顶点 2 压入堆栈，注意下面堆栈示意图的左边堆栈底部，右边是堆栈顶部，数据只能从栈顶出栈（先进后出）。

② 弹出顶点 2，将与顶点 2 相邻且未访问过的顶点 4 和顶点 3 压入堆栈。

③ 弹出顶点 3，将与顶点 3 相邻且未访问过的顶点 5 和顶点 4 压入堆栈。

④ 弹出顶点 4，将与顶点 4 相邻且未访问过的顶点 5 压入堆栈。

⑤ 弹出顶点 5，将与顶点 5 相邻且未访问过的顶点压入堆栈，大家可以发现与顶点 5 相邻的顶点全部被访问过了，所以无须再压入堆栈。

⑥ 将堆栈内的值弹出并判断是否已经遍历过了，直到堆栈内无节点可遍历为止。

深度优先的遍历顺序为顶点 1、顶点 2、顶点 3、顶点 4、顶点 5。

【范例程序：Deep.java】

```
01  // 深度优先遍历法（DFS）
02
03  class Node
04  {
05      int x;
06      Node next;
07      public Node(int x)
08      {
09          this.x=x;
10          this.next=null;
11      }
12  }
13  class GraphLink
14  {
15      public Node first;
16      public Node last;
17      public boolean isEmpty()
18      {
19          return first==null;
20      }
21      public void print()
22      {
23          Node current=first;
24          while(current!=null)
25          {
26              System.out.print("["+current.x+"]");
27              current=current.next;
28
```

```java
29        }
30        System.out.println();
31    }
32    public void insert(int x)
33    {
34        Node newNode=new Node(x);
35        if(this.isEmpty())
36        {
37            first=newNode;
38            last=newNode;
39        }
40        else
41        {
42            last.next=newNode;
43            last=newNode;
44        }
45    }
46 }
47
48 public class Deep
49 {
50     public static int run[]=new int[9];
51     public static GraphLink Head[]=new GraphLink[9];
52     public static void dfs(int current)           //深度优先遍历子程序
53     {
54         run[current]=1;
55         System.out.print("["+current+"]");
56
57         while((Head[current].first)!=null)
58         {
59             if(run[Head[current].first.x]==0)    //如果顶点尚未遍历,就进行dfs的递归调用
60                 dfs(Head[current].first.x);
61             Head[current].first=Head[current].first.next;
62         }
63     }
64
65     public static void main (String args[])
66     {
67         int Data[][] =          //图边线数组的声明
68            { {1,2},{2,1},{1,3},{3,1},{2,4},{4,2},{2,5},{5,2},{3,6},{6,3},
69              {3,7},{7,3},{4,5},{5,4},{6,7},{7,6},{5,8},{8,5},{6,8},{8,6} };
70         int DataNum;
71         int i,j;
72         System.out.println("图的邻接链表内容: ");  //打印图的邻接链表内容
73         for ( i=1 ; i<9 ; i++ )                    //共有8个顶点
74         {
75            run[i]=0;                               //设置所有顶点为尚未遍历过
76            Head[i]=new GraphLink();
77            System.out.print("顶点"+i+"=>");
78            for( j=0 ; j<20 ;j++)       //20条边
79            {
80                if(Data[j][0]==i)        //如果起点和链表头相等,则把顶点加入链表
81                {
82                    DataNum = Data[j][1];
83                    Head[i].insert(DataNum);
84                }
85            }
```

```
86                Head[i].print();              //打印图的邻接链表内容
87            }
88            System.out.println("深度优先遍历顶点：");  //打印深度优先遍历的顶点
89            dfs(1);
90            System.out.println("");
91        }
92    }
```

【执行结果】参考图 10-17。

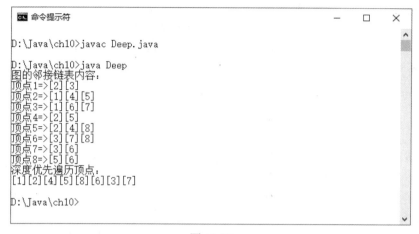

图 10-17

10.2.2 广度优先遍历法

之前所谈到的深度优先遍历法是利用堆栈和递归的技巧来遍历图，广度优先遍历法（Breadth First Search，BFS）则是使用队列和递归技巧来遍历图，也是从图的某一顶点开始遍历，被访问过的顶点做上已访问的记号，接着遍历此顶点所有相邻且未访问过的顶点中的任意一个顶点，并做上已访问的记号，再以该点为新的起点继续进行广度优先遍历。下面以图 10-18 为例来看看广度优先的遍历过程。

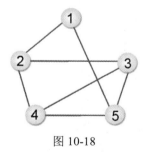

图 10-18

① 以顶点 1 为起点，将与顶点 1 相邻且未访问过的顶点 2 和顶点 5 加入队列，注意下面队列示意图的左边是队首，右边是队尾，数据只能从队首出队尾进（先进先出）。

② 取出顶点 2，将与顶点 2 相邻且未访问过的顶点 3 和顶点 4 加入队列。

③ 取出顶点 5，将与顶点 5 相邻且未访问过的顶点 3 和顶点 4 加入队列。

④ 取出顶点 3，将与顶点 3 相邻且未访问过的顶点 4 加入队列。

⑤ 取出顶点 4，将与顶点 4 相邻且未访问过的顶点加入队列中，大家可以发现与顶点 4 相邻的顶点全部被访问过了，所以无须再加入队列中。

⑥ 将队列内的值取出并判断是否已经遍历过了，直到队列内无节点可遍历为止。

广度优先的遍历顺序为顶点 1、顶点 2、顶点 5、顶点 3、顶点 4。

广度优先程序的编写与深度优先程序的编写类似，但需注意它们使用技巧的不同，广度优先必须使用队列。请各位读者自行参考队列的写法，顺便复习一下！

【范例程序：Breadth.java】

```
01   // 广度优先遍历法(BFS)
02
03   class Node {
04       int x;
05       Node next;
06       public Node(int x) {
07           this.x=x;
08           this.next=null;
09       }
10   }
11   class GraphLink {
12       public Node first;
13       public Node last;
14       public boolean isEmpty() {
15           return first==null;
16       }
17       public void print() {
18           Node current=first;
19           while(current!=null) {
20               System.out.print("["+current.x+"]");
21               current=current.next;
22           }
23           System.out.println();
24       }
25       public void insert(int x) {
26           Node newNode=new Node(x);
27           if(this.isEmpty()) {
```

```
28            first=newNode;
29            last=newNode;
30         }
31         else {
32            last.next=newNode;
33            last=newNode;
34         }
35     }
36 }
37
38 public class Breadth {
39     public static int run[]=new int[9];    //用来记录各顶点是否遍历过
40     public static GraphLink Head[]=new GraphLink[9];
41     public final static int MAXSIZE=10;    //定义队列的最大容量
42     static int[] queue= new int[MAXSIZE];  //队列数组的声明
43     static int front=-1;    //指向队列的前端
44     static int rear=-1;     //指向队列的末尾
45     //队列数据的存入
46     public static void enqueue(int value) {
47         if(rear>=MAXSIZE) return;
48         rear++;
49         queue[rear]=value;
50     }
51     //队列数据的取出
52     public static int dequeue() {
53         if(front==rear) return -1;
54         front++;
55         return queue[front];
56     }
57     //广度优先遍历法
58     public static void bfs(int current) {
59         Node tempnode;        //临时的节点指针
60         enqueue(current);     //将第一个顶点存入队列
61         run[current]=1;       //将遍历过的顶点设置为1
62         System.out.print("["+current+"]");  //打印输出当前遍历的顶点
63         while(front!=rear) {  //判断当前是否为空队列
64             current=dequeue();              //将顶点从队列中取出
65             tempnode=Head[current].first;   //先记录当前顶点的位置
66             while(tempnode!=null) {
67                 if(run[tempnode.x]==0) {
68                     enqueue(tempnode.x);
69                     run[tempnode.x]=1;      //记录已走访过
70                     System.out.print("["+tempnode.x+"]");
71                 }
72                 tempnode=tempnode.next;
73             }
74         }
75     }
76
77     public static void main (String args[]) {
78         int Data[][] =  //图边线数组的声明
79           { {1,2},{2,1},{1,3},{3,1},{2,4},{4,2},{2,5},{5,2},{3,6},{6,3},
80             {3,7},{7,3},{4,5},{5,4},{6,7},{7,6},{5,8},{8,5},{6,8},{8,6} };
81         int DataNum;
82         int i,j;
83
```

```
 84        System.out.println("图的邻接链表内容: "); //打印输出图的邻接链表内容
 85        for( i=1 ; i<9 ; i++ ) { //共有 8 个顶点
 86            run[i]=0; //设置所有顶点为尚未遍历过
 87            Head[i]=new GraphLink();
 88            System.out.print("顶点"+i+"=>");
 89            for( j=0 ; j<20 ;j++) {
 90                if(Data[j][0]==i) { //如果起点和链表头相等,则把顶点加入链表
 91                    DataNum = Data[j][1];
 92                    Head[i].insert(DataNum);
 93                }
 94            }
 95            Head[i].print();   //打印输出图的邻接链表内容
 96        }
 97        System.out.println("广度优先遍历顶点: "); //打印输出广度优先遍历的顶点
 98        bfs(1);
 99        System.out.println("");
100    }
101 }
```

【执行结果】参考图 10-19。

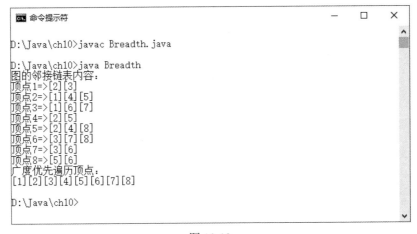

图 10-19

10.3 生 成 树

生成树（Spanning Tree）又称"花费树""成本树"或"价值树"。一个图的生成树就是以最少的边来连通图中所有的顶点，且不造成回路（Cycle）的树结构。更清楚地说，当一个图连通时，使用深度优先遍历或广度优先遍历必能访问图中所有的顶点，且 $G = (V, E)$ 的所有边可分成两个集合：T 和 B（T 为遍历时所经过的所有边，B 为其余未被经过的边）。$S = (V, T)$ 为 G 中的生成树（Spanning Tree），具有以下 3 项性质：

（1）$E = T + B$。
（2）加入 B 中的任一边到 S 中，则会产生回路。
（3）V 中的任何两个顶点 V_i、V_j 在 S 中都存在唯一的一条简单路径。

例如，图 10-20 所示是图 G 与它的三棵生成树。

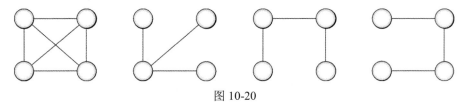

图 10-20

10.3.1　DFS 生成树和 BFS 生成树

一棵生成树也可以利用深度优先遍历法与广度优先遍历法来产生，所得到的生成树则称为深度优先生成树（DFS 生成树）或广度优先生成树（BFS 生成树）。下面求出图 10-21 的 DFS 生成树和 BFS 生成树。

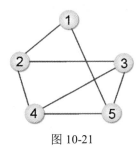

图 10-21

按照生成树的定义，我们可以得到图 10-22 所示的几棵生成树。

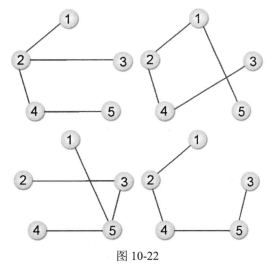

图 10-22

从图 10-22 可以得知，一个图通常具有不只一棵生成树。图 10-22 的深度优先生成树为①②③④⑤，如图 10-23（a）所示，广度优先生成树为①②⑤③④，如图 10-23（b）所示。

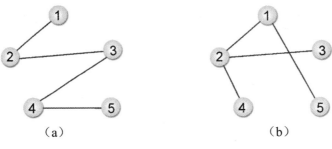

（a） （b）

图 10-23

10.3.2 最小成本生成树

在树的边加上一个权重（Weight）值，这种图就称为"加权图"（Weighted Graph）。如果这个权重值代表两个顶点间的距离（Distance）或成本（Cost），那么这类图就称为"网络"（Network），如图 10-24 所示。

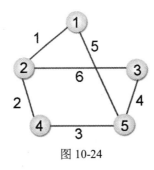

图 10-24

从顶点 1 到顶点 5 有（1+2+3）、（1+6+4）和 5 三条路径成本，"最小成本生成树"（Minimum Cost Spanning Tree）则是路径成本为 5 的生成树，如图 10-25 所示。

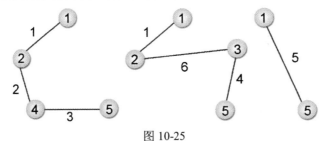

图 10-25

在一个加权图形中找到最小成本生成树是相当重要的，因为许多工作都可以用图来表示，例如从北京到上海的距离或花费等。接着将介绍以"贪婪法则"（Greedy Rule）为基础来求出一个无向连通图的最小生成树的常见方法——Prim 算法和 Kruskal 算法。

10.3.3 Prim 算法

Prim 算法又称 P 氏法，对一个加权图 $G = (V, E)$，设 $V = \{1,2,\cdots,n\}$、$U = \{1\}$，也就是说 U 和

V 是两个顶点的集合。然后从 $U-V$ 差集所产生的集合中找出一个顶点 x，该顶点 x 能与 U 集合中的某点形成最小成本的边，且不会造成回路。然后将顶点 x 加入 U 集合中，反复执行同样的步骤，一直到 U 集合等于 V 集合（$U=V$）为止。

接下来，我们将实际使用 P 氏法求出图 10-26 的最小成本生成树。

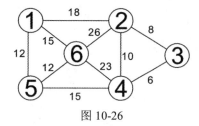

图 10-26

① 从图 10-26 中可得 $V = \{1, 2, 3, 4, 5, 6\}$，$U = \{1\}$。

从 $V - U = \{2, 3, 4, 5, 6\}$ 中找一个顶点能与 U 顶点形成最小成本的边，得到图 10-27。

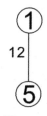

图 10-27

此时 $V - U = \{2, 3, 4, 6\}$，$U = \{1, 5\}$。

② 从 $V - U$ 中找到一个顶点能与 U 顶点形成最小成本的边，得到图 10-28。

图 10-28

此时 $U = \{1, 5, 6\}$，$V - U = \{2, 3, 4\}$。

③ 同理，找到顶点 4。

$U = \{1, 5, 6, 4\}$，$V - U = \{2, 3\}$，得到图 10-29。

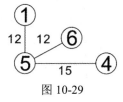

图 10-29

④ 同理，找到顶点 3，得到图 10-30。

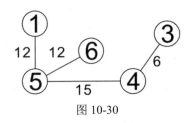

图 10-30

⑤ 同理,找到顶点 2,得到图 10-31。

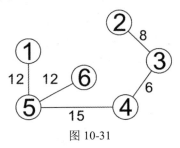

图 10-31

下面再来看一个用 P 氏法求出图 10-32 所示加权图的最小成本生成树。

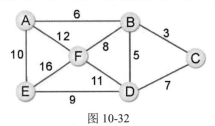

图 10-32

① $V=\{A,B,C,D,E,F\}$,$U=\{A\}$,从 $V-U$ 中找一个与 U 路径最短的顶点,如图 10-33 所示。

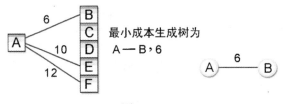

图 10-33

② 把 B 加入 U,在 $V-U$ 中找一个与 U 路径最短的顶点,如图 10-34 所示。

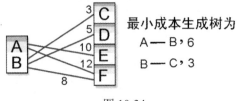

图 10-34

③ 把 C 加入 U,在 $V-U$ 中找一个与 U 路径最短的顶点,如图 10-35 所示。

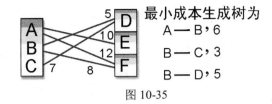

图 10-35

④ 把 D 加入 U，在 V − U 中找一个与 U 路径最短的顶点，如图 10-36 所示。

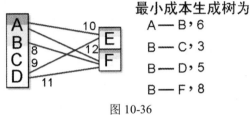

图 10-36

⑤ 把 F 加入 U，在 V − U 中找一个与 U 路径最短的顶点，如图 10-37 所示。

⑥ 最后得到最小成本生成树（见图 10-38）。

{A—B，6}{B—C，3}{B—D，5}{B—F，8}{D—E，9}

图 10-37　　　　　　　　　　　　　　图 10-38

10.3.4　Kruskal 算法

Kruskal 算法又称为 K 氏法，将各边按权值大小从小到大排列，接着从权值最低的边开始建立最小成本生成树，如果加入的边会造成回路则舍弃不用，直到加入了 $n-1$ 个边为止。

这种方法看起来似乎不难，我们直接来看看如何以 K 氏法得到图 10-39 所示例图的最小成本生成树。

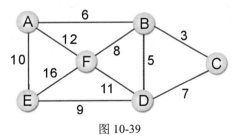

图 10-39

① 把所有边的成本列出，并从小到大排序，如表 10-2 所示。

表 10-2 所有边的成本

起始顶点	终止顶点	成本
B	C	3
B	D	5
A	B	6
C	D	7
B	F	8
D	E	9
A	E	10
D	F	11
A	F	12
E	F	16

② 选择成本最低的一条边作为建立最小成本生成树的起点，如图 10-40 所示。

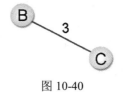

图 10-40

③ 依照表 10-2 按序加入边，如图 10-41 所示。

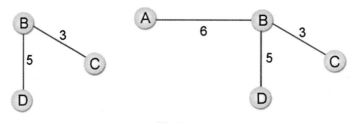

图 10-41

④ 因为 C 和 D 之间加入边会形成回路，所以直接跳过，如图 10-42 所示。

⑤ 完成图如图 10-43 所示。

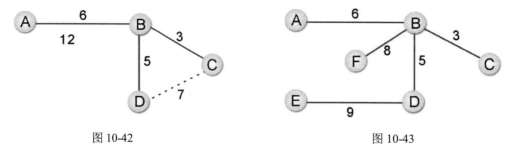

图 10-42　　　　　　　　　　　　图 10-43

下面的 Java 范例程序使用一个二维数组存储并排列 K 氏法的成本表，接着按序把成本表加入另一个二维数组并判断是否会造成回路，以此来求取最小成本生成树。

【范例程序：Span.java】

```java
01    // 最小成本生成树
02
03    public class Span
04    {
05        public static int VERTS=6;
06        public static int v[]=new int[VERTS+1];
07        public static Node NewList = new Node();
08        public static int findmincost()
09        {
10            int minval=100;
11            int retptr=0;
12            int a=0;
13            while(NewList.Next[a]!=-1)
14            {
15                if(NewList.val[a]<minval && NewList.find[a]==0)
16                {
17                    minval=NewList.val[a];
18                    retptr=a;
19                }
20                a++;
21            }
22            NewList.find[retptr]=1;
23            return retptr;
24        }
25        public static void mintree()
26        {
27            int i,result=0;
28            int mceptr;
29            int a=0;
30            for(i=0;i<=VERTS;i++)
31                v[i]=0;
32            while(NewList.Next[a]!=-1)
33            {
34                mceptr=findmincost();
35                v[NewList.from[mceptr]]++;
36                v[NewList.to[mceptr]]++;
37                if(v[NewList.from[mceptr]]>1 && v[NewList.to[mceptr]]>1)
38                {
39                    v[NewList.from[mceptr]]--;
40                    v[NewList.to[mceptr]]--;
41                    result=1;
42                }
43                else
44                    result=0;
45                if(result==0)
46                {
47                    System.out.print("起始顶点["+NewList.from[mceptr]+"] 终止顶点[");
48                    System.out.print(NewList.to[mceptr]+"] 路径长度["+NewList.val[mceptr]+"]");
49                    System.out.println("");
50                }
51                a++;
52            }
53        }
54
55        public static void main (String args[])
```

```
56          {
57              int Data[][] =      /*图数组的声明*/
58                  { {1,2,6},{1,6,12},{1,5,10},{2,3,3},{2,4,5},
59                    {2,6,8},{3,4,7},{4,6,11},{4,5,9},{5,6,16} };
60              int DataNum;
61              int fromNum;
62              int toNum;
63              int findNum;
64              int Header = 0;
65              int FreeNode;
66              int i,j;
67              System.out.println("建立图的链表：");
68              /*打印图的邻接链表内容*/
69              for ( i=0 ; i<10 ; i++ )
70              {
71                  for( j=1 ; j<=VERTS ;j++)
72                  {
73                      if(Data[i][0]==j)
74                      {
75                          fromNum = Data[i][0];
76                          toNum = Data[i][1];
77                          DataNum = Data[i][2];
78                          findNum=0;
79                          FreeNode = NewList.FindFree();
80                          NewList.Create(Header,FreeNode,DataNum,fromNum,toNum,
    findNum);
81                      }
82                  }
83              }
84              NewList.PrintList(Header);
85              System.out.println("建立最小成本生成树");
86              mintree();
87          }
88      }
89
90      class Node
91      {
92          int MaxLength = 20;                  // 定义链表的最大长度
93          int from[] = new int[MaxLength];
94          int to[] = new int[MaxLength];
95          int find[] = new int[MaxLength];
96          int val[] = new int[MaxLength];
97          int Next[] = new int[MaxLength];   // 链表的下一个节点位置
98
99          public Node ()                       // Node 构造函数
100         {
101             for ( int i = 0 ; i < MaxLength ; i++ )
102                 Next[i] = -2;                // -2 表示未用节点
103         }
104
105     // ----------------------------------------------------
106     // 搜索可用节点的位置
107     // ----------------------------------------------------
108         public int FindFree()
109         {
110             int i;
111
112             for ( i=0 ; i< MaxLength ; i++ )
```

```
113             if ( Next[i] == -2 )
114                 break;
115         return i;
116     }
117
118 // ----------------------------------------------------
119 // 建立链表
120 // ----------------------------------------------------
121     public void Create(int Header,int FreeNode,int DataNum,int fromNum,int toNum,int findNum)
122     {
123         int Pointer;                    // 现在的节点位置
124
125         if ( Header == FreeNode )       // 新的链表
126         {
127             val[Header] = DataNum;      // 设置数据编号
128             from[Header]=fromNum;
129             find[Header]=findNum;
130             to[Header]=toNum;
131             Next[Header] = -1;          // 下一个节点的位置，-1 表示空节点
132         }
133         else
134         {
135             Pointer = Header;           // 现在的节点为头节点
136             val[FreeNode] = DataNum;    // 设置数据编号
137             from[FreeNode]=fromNum;
138             find[FreeNode]=findNum;
139             to[FreeNode]=toNum;
140             // 设置数据名称
141             Next[FreeNode] = -1;        // 下一个节点的位置，-1 表示空节点
142             // 寻找链表的末尾
143             while ( Next[Pointer] != -1 )
144                 Pointer = Next[Pointer];
145
146             // 将新节点串连在原链表的末尾
147             Next[Pointer] = FreeNode;
148         }
149     }
150
151 // ----------------------------------------------------
152 // 打印输出链表的数据
153 // ----------------------------------------------------
154     public void PrintList(int Header)
155     {
156         int   Pointer;
157         Pointer = Header;
158         while ( Pointer != -1 )
159         {
160             System.out.print("起始顶点["+from[Pointer]+"]  终止顶点[");
161             System.out.print(to[Pointer]+"]  路径长度["+val[Pointer]+"]");
162             System.out.println("");
163             Pointer = Next[Pointer];
164         }
165     }
166 }
```

【执行结果】参考图 10-44。

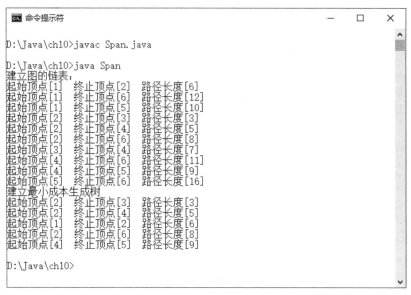

图 10-44

10.4　图的最短路径法

在一个有向图 $G=(V, E)$ 中,它的每一条边都有一个权重 W（Weight,也就是成本或花费）与之对应,如果想求图 G 中某一个顶点 V_0 到其他顶点的最少 W 总和,那么这类问题就称为最短路径问题（The Shortest Path Problem）。由于交通运输工具和通信工具的便利与普及,因此两地之间发生货物运送（见图 10-45）或进行信息传递时,最短路径（Shortest Path）的问题随时都可能会因需求而产生。简单来说,就是找出两个端点之间可通行的快捷方式。

图 10-45

在 10.3.4 节中介绍的最小成本生成树就是计算连通网络中每一个顶点所需的最少成本,但连通树中任意两顶点的路径不一定就是一条成本最少的路径,这也是本节研究最短路径问题的主要理由。下面开始讨论最短路径常见的算法。

10.4.1 Dijkstra 算法与 A* 算法

1. Dijkstra 算法

一个顶点到多个顶点的最短路径通常使用 Dijkstra 算法求得。Dijkstra 的算法如下：

假设 $S = \{V_i \mid V_i \in V\}$，且 V_i 在已发现的最短路径中，其中 $V_0 \in S$ 是起点。

假设 $w \notin S$，定义 $\mathrm{DIST}(w)$ 是从 V_0 到 w 的最短路径，这条路径除了 w 外必属于 S，且有以下几点特性。

① 如果 u 是当前所找到最短路径的下一个节点，那么 u 必属于 $V-S$ 集合中最小成本的边。

② 若 u 被选中，将 u 加入 S 集合中，则会产生当前从 V_0 到 u 的最短路径。对于 $w \notin S$，$\mathrm{DIST}(w)$ 被改变成 $\mathrm{DIST}(w) \leftarrow \min\{\mathrm{DIST}(w), \mathrm{DIST}(u) + \mathrm{COST}(u, w)\}$。

从上述算法可以推演出如下步骤。

①
$$G = (V, E)$$
$$D[k] = A[F, I], \text{其中 } I \text{ 从 } 1 \text{ 到 } N$$
$$S = \{F\}$$
$$V = \{1, 2, \cdots, N\}$$

- D 为一个 N 维数组，用来存放某一顶点到其他顶点的最短距离。
- F 表示起始顶点。
- $A[F, I]$ 为顶点 F 到 I 的距离。
- V 是网络中所有顶点的集合。
- E 是网络中所有边的组合。
- S 是顶点的集合，其初始值是 $S = \{F\}$。

② 从 $V-S$ 集合中找到一个顶点 x，使 $D(x)$ 的值为最小值，并把 x 放入 S 集合中。

③ 按下列公式计算：

$$D[I] = \min(D[I], D[x] + A[x, I])$$

其中，$(x, I) \in E$，用来调整 D 数组的值；I 是指 x 的相邻各顶点。

④ 重复执行步骤②，一直到 $V-S$ 是空集合为止。

现在来看一个例子：在图 10-46 中找出顶点 5 到各顶点之间的最短路径。

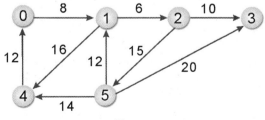

图 10-46

首先从顶点 5 开始，找出顶点 5 到各顶点之间最小的距离，到达不了的用 ∞ 表示，步骤如下：

① $D[0] = \infty$，$D[1]=12$，$D[2] = \infty$，$D[3] = 20$，$D[4] = 14$。在其中找出值最小的顶点并加入 S 集合中：$D[1]$。

② $D[0] = \infty$，$D[1] = 12$，$D[2] = 18$，$D[3] = 20$，$D[4] = 14$。$D[4]$最小，加入 S 集合中。

③ $D[0] = 26$，$D[1] = 12$，$D[2] = 18$，$D[3] = 20$，$D[4] = 14$。$D[2]$最小，加入 S 集合中。

④ $D[0] = 26$，$D[1]=12$，$D[2] = 18$，$D[3] = 20$，$D[4] = 14$。$D[3]$最小，加入 S 集合中。

⑤ 加入最后一个顶点即可得到表 10-3。

表 10-3　加入最后一个顶点后

步骤	S	0	1	2	3	4	5	选择
1	5	∞	12	∞	20	14	0	1
2	5, 1	∞	12	18	20	14	0	4
3	5, 1, 4	26	12	18	20	14	0	2
4	5, 1, 4, 2	26	12	18	20	14	0	3
5	5, 1, 4, 2, 3	26	12	18	20	14	0	0

从顶点 5 到其他各顶点的最短距离为：

- 顶点 5 到顶点 0：26。
- 顶点 5 到顶点 1：12。
- 顶点 5 到顶点 2：18。
- 顶点 5 到顶点 3：20。
- 顶点 5 到顶点 4：14。

下面的 Java 范例程序以 Dijkstra 算法来求如下成本数组中顶点 1 对全部图的顶点间的最短路径：

```
int Path_Cost[][] = { {1, 2, 10},{2, 3, 20},
                      {2, 4, 25},{3, 5, 18},
                      {4, 5, 22},{4, 6, 95},{5, 6, 77} };
```

【范例程序：Short.java】

```
01    //  Dijkstra算法(单点对全部顶点的最短路径)
02
03    // 图的邻接矩阵类的声明
04    class Adjacency {
05        final int INFINITE = 99999;
06        public int[][] Graph_Matrix;
07        // 构造函数
08        public Adjacency(int[][] Weight_Path,int number) {
09            int i, j;
10            int Start_Point, End_Point;
11            Graph_Matrix = new int[number][number];
12            for ( i = 1; i < number; i++ )
13                for ( j = 1; j < number; j++ )
14                    if ( i != j )
15                        Graph_Matrix[i][j] = INFINITE;
16                    else
```

```
17                    Graph_Matrix[i][j] = 0;
18          for ( i = 0; i < Weight_Path.length; i++ ) {
19              Start_Point = Weight_Path[i][0];
20              End_Point = Weight_Path[i][1];
21              Graph_Matrix[Start_Point][End_Point] = Weight_Path[i][2];
22          }
23      }
24      // 显示图的方法
25      public void printGraph_Matrix() {
26          for ( int i = 1; i < Graph_Matrix.length; i++ ) {
27              for ( int j = 1; j < Graph_Matrix[i].length; j++ )
28                  if ( Graph_Matrix[i][j] == INFINITE )
29                      System.out.print(" x ");
30                  else {
31                      if ( Graph_Matrix[i][j] == 0 ) System.out.print(" ");
32                      System.out.print(Graph_Matrix[i][j] + " ");
33                  }
34              System.out.println();
35          }
36      }
37  }
38
39  // Dijkstra 算法类
40  class Dijkstra extends Adjacency {
41      private int[] cost;
42      private int[] selected;
43      // 构造函数
44      public Dijkstra(int[][] Weight_Path,int number) {
45          super(Weight_Path,number);
46          cost = new int[number];
47          selected = new int[number];
48          for ( int i = 1; i < number; i++ )  selected[i] = 0;
49      }
50      // 单点对全部顶点最短距离
51      public void shortestPath(int source) {
52          int shortest_distance;
53          int shortest_vertex= 1;
54          int i,j;
55          for ( i = 1; i < Graph_Matrix.length; i++ )
56              cost[i] = Graph_Matrix[source][i];
57          selected[source] = 1;
58          cost[source] = 0;
59          for ( i = 1; i < Graph_Matrix.length-1; i++ ) {
60              shortest_distance = INFINITE;
61              for ( j = 1; j < Graph_Matrix.length; j++ )
62                  if ( shortest_distance>cost[j] && selected[j]==0 ) {
63                      shortest_vertex= j;
64                      shortest_distance = cost[j];
65                  }
66              selected[shortest_vertex] = 1;
67              for ( j = 1; j < Graph_Matrix.length; j++ ) {
68                  if ( selected[j] == 0 && cost[shortest_vertex]+
    Graph_Matrix[shortest_vertex][j] < cost[j]) {
69                      cost[j] = cost[shortest_vertex] +
    Graph_Matrix[shortest_vertex][j];
70                  }
71              }
72          }
73          System.out.println("==================================");
```

```
74          System.out.println("顶点 1 到各顶点最短距离的最终结果");
75          System.out.println("================================");
76          for (j=1;j<Graph_Matrix.length;j++)
77              System.out.println("顶点 1 到顶点"+j+"的最短距离= "+cost[j]);
78      }
79  }
80  // 主类别
81  public class Short {
82      // 主程序
83      public static void main(String[] args) {
84          int Weight_Path[][] = { {1, 2, 10},{2, 3, 20},
85                                  {2, 4, 25},{3, 5, 18},
86                                  {4, 5, 22},{4, 6, 95},{5, 6, 77} };
87          Dijkstra object=new Dijkstra(Weight_Path,7);
88          System.out.println("==========================");
89          System.out.println("此范例图的邻接矩阵如下: ");
90          System.out.println("==========================");
91          object.printGraph_Matrix();
92          object.shortestPath(1);
93      }
94  }
```

【执行结果】参考图 10-47。

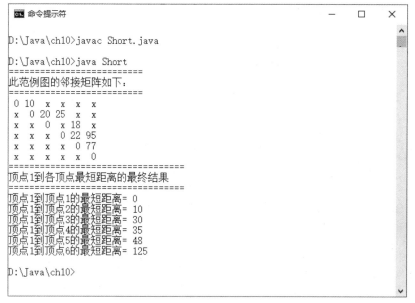

图 10-47

2. A* 算法

前面介绍的 Dijkstra 算法在寻找最短路径的过程中是一个效率不高的算法，这是因为这个算法在寻找起点到各个顶点距离的过程中，无论哪一个顶点都要实际计算起点与各个顶点之间的距离，以获得最后的一个判断：到底哪一个顶点距离与起点最近。

也就是说，Dijkstra 算法在带有权重（Weight）值或成本值（Cost Value）的有向图间使用的最短路径寻找方式，只是简单地使用广度优先进行查找，完全忽略了许多有用的信息。这种查找算法会消耗许多系统资源，包括 CPU 的时间与内存空间。如果能有更好的方式帮助我们预估从各个顶点到终点的距离，善加利用这些信息，就可以预先判断图上有哪些顶点离终点的距离较远，以便直接略过这些顶点的查找。这种更有效率的查找算法绝对有助于程序以更快的方式找到最短路径。

在这种需求的考虑下，A*算法可以说是一种 Dijkstra 算法的改进版，结合了在路径查找过程中从起点到各个顶点的"实际权重"及各个顶点预估到达终点的"推测权重"（Heuristic Cost）两个因素，可以有效地减少不必要的查找操作，从而提高了查找最短路径的效率，如图 10-48 所示。

Dijkstra 算法　　　　　　　　A*算法（Dijkstra 算法的改进版）

图 10-48

因此，A*算法也是一种最短路径算法，与 Dijkstra 算法不同的是，A*算法会预先设置一个"推测权重"，并在查找最短路径的过程中将"推测权重"一并纳入决定最短路径的考虑因素中。所谓"推测权重"，就是根据事先知道的信息来给定一个预估值。结合这个预估值，A*算法可以更有效地查找最短路径。

例如，在寻找一个已知"起点位置"与"终点位置"的迷宫最短路径问题中，因为事先知道迷宫的终点位置，所以可以采用顶点和终点的欧氏几何平面直线距离（Euclidean Distance，数学定义中的平面两点间的距离）作为该顶点的推测权重。

提　示

在 A*算法中，用来计算推测权重的距离评估函数除了上面所提到的欧氏几何平面直线距离外，还有许多距离评估函数可供选择，如曼哈顿距离（Manhattan Distance）和切比雪夫距离（Chebysev Distance）等。对于二维平面上的两个点(x_1, y_1)和(x_2, y_2)，这 3 种距离的计算方式如下：

（1）曼哈顿距离：

$$D=|x_1-x_2|+|y_1-y_2|$$

（2）切比雪夫距离：

$$D=\max(|x_1-x_2|,|y_1-y_2|)$$

（3）欧氏几何平面直线距离：

$$D=\sqrt{(x_1-x_2)^2+(y_1-y_2)^2}$$

A*算法并不像 Dijkstra 算法那样只单一考虑从起点到这个顶点的实际权重（实际距离）来决定下一步要尝试的顶点。不同的做法是，A*算法在计算从起点到各个顶点的权重时会同步考虑从

起点到这个顶点的实际权重,以及该顶点到终点的推测权重,以估算出该顶点从起点到终点的权重,再从中选出一个权重最小的顶点,并将该顶点标示为已查找完毕。接着计算从查找完毕的顶点出发到各个顶点的权重,并从中选出一个权重最小的顶点,遵循前面同样的做法,将该顶点标示为已查找完毕的顶点。以此类推,反复进行同样的步骤,直到抵达终点才结束查找工作,最终即可得到最短路径的解答。

现在做一个简单的总结,实现 A*算法的主要步骤如下:

① 首先确定各个顶点到终点的"推测权重"。"推测权重"的计算方法可以采用各个顶点和终点之间的直线距离(四舍五入后的值),而直线距离的计算函数从上述 3 种距离的计算方式中选择其一即可。

② 分别计算从起点抵达各个顶点的权重,计算方法是由起点到该顶点的"实际权重"加上该顶点抵达终点的"推测权重"。计算完毕后,选出权重最小的点,并标示为查找完毕的点。

③ 计算从查找完毕的顶点出发到各个顶点的权重,并从中选出一个权重最小的顶点,将其标示为查找完毕的顶点。以此类推,反复进行同样的计算过程,直到抵达终点。

A*算法适用于可以事先获得或预估各个顶点到终点距离的情况,如果无法获得各个顶点到目的地终点的距离信息,就无法使用 A*算法了。虽然说 A*算法是一种 Dijkstra 算法的改进版,但是并不是指任何情况下 A*算法的效率一定优于 Dijkstra 算法。例如,当"推测权重"的距离与实际两个顶点间的距离相差很大时,A*算法的查找效率可能会比 Dijkstra 算法更差,甚至还会误导方向,从而造成无法得到最短路径的最终答案。

如果推测权重所设置的距离与实际两个顶点间的真实距离误差不大,那么 A*算法的查找效率会远大于 Dijkstra 算法。因此,A*算法常被应用于游戏软件中玩家与怪物两种角色间的追逐行为,或者是引导玩家以最有效率的路径及最便捷的方式快速突破游戏关卡,如图 10-49 所示。

图 10-49

10.4.2 Floyd 算法

Dijkstra 的方法只能求出某一点到其他顶点的最短距离,如果想求出图中任意两点甚至所有顶点间最短的距离,就必须使用 Floyd 算法。

Floyd 算法定义:

① $A^k[i][j] = \min\{A^{k-1}[i][j], A^{k-1}[i][k]+A^{k-1}[k][j]\}$,$k \geq 1$,$k$ 表示经过的顶点,$A^k[i][j]$为从顶点 i 到 j 的经由 k 顶点的最短路径。

② $A^0[i][j]$ = COST[i][j](即 A^0 等于 COST),A^0 为顶点 i 到 j 间的直通距离。

③ $A^n[i,j]$代表顶点 i 到 j 的最短距离,即 A^n 便是我们所要求出的最短路径成本矩阵。

这样看起来似乎觉得 Floyd 算法相当复杂难懂,现在直接以实例来说明它的算法。例如,试以 Floyd 算法求得如图 10-50 所示的各顶点间的最短路径。

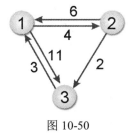

图 10-50

① 找到 $A^0[i][j]$ = COST[i][j],A^0 为不经任何顶点的成本矩阵。若没有路径则以∞(无穷大)来表示,如图 10-51 所示。

A^0	1	2	3
1	0	4	11
2	6	0	2
3	3	∞	0

图 10-51

② 找出 $A^1[i][j]$从 i 到 j,经由顶点①的最短距离。

$A^1[1][2] = \min\{A^0[1][2], A^0[1][1] + A^0[1][2]\} = \min\{4, 0+4\} = 4$

$A^1[1][3] = \min\{A^0[1][3], A^0[1][1] + A^0[1][3]\} = \min\{11, 0+11\} = 11$

$A^1[2][1] = \min\{A^0[2][1], A^0[2][1] + A^0[1][1]\} = \min\{6, 6+0\} = 6$

$A^1[2][3] = \min\{A^0[2][3], A^0[2][1] + A^0[1][3]\} = \min\{2, 6+11\} = 2$

$A^1[3][1] = \min\{A^0[3][1], A^0[3][1] + A^0[1][1]\} = \min\{3, 3+0\} = 3$

$A^1[3][2] = \min\{A^0[3][2], A^0[3][1] + A^0[1][2]\} = \min\{∞, 3+4\} = 7$

按序求出各顶点的值后可以得到 A^1,如图 10-52 所示。

③ 求出 $A^2[i][j]$经由顶点②的最短距离。

$A^2[1][2] = \min\{A^1[1][2], A^1[1][2] + A^1[2][2]\} = \min\{4, 4+0\} = 4$

$A^2[1][3] = \min\{A^1[1][3], A^1[1][2] + A^1[2][3]\} = \min\{11, 4+2\} = 6$

按序求其他各顶点的值可得到 A^2,如图 10-53 所示。

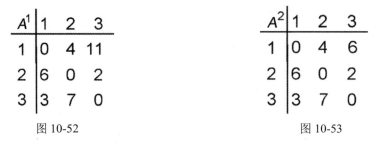

A^1	1	2	3
1	0	4	11
2	6	0	2
3	3	7	0

图 10-52

A^2	1	2	3
1	0	4	6
2	6	0	2
3	3	7	0

图 10-53

④ 求出 $A^3[i][j]$经由顶点③的最短距离。

$A^3[1][2] = \min\{A^2[1][2], A^2[1][3] + A^2[3][2]\} = \min\{4, 6+7\} = 4$

$A^3[1][3] = \min\{A^2[1][3], A^2[1][3]+A^2[3][3]\} = \min\{6, 6+0\} = 6$

按序求其他各顶点的值可得到 A^3，得到所有顶点间的最短路径，如图 10-54 所示。

A^3	1	2	3
1	0	4	6
2	5	0	2
3	3	7	0

图 10-54

从上例可知，一个加权图若有 n 个顶点，则此方法必须执行 n 次循环，逐一产生 $A^1, A^2, A^3, \cdots, A^n$。Floyd 算法较为复杂，读者也可以采用 Dijkstra 算法，按序以各顶点为起始顶点，得到同样的结果。

设计一个 Java 程序，以 Floyd 算法来求出图结构中所有顶点两两之间的最短路径，图的邻接矩阵数组如下：

```
int Weight_Path[][] = { {1, 2, 10},{2, 3, 20},
                        {2, 4, 25},{3, 5, 18},
                        {4, 5, 22},{4, 6, 95},{5, 6, 77} };
```

【范例程序：Distance.java】

```
//  Floyd 算法(所有顶点两两之间的最短距离)

// 图的邻接矩阵类的声明
class Adjacency {
   final int INFINITE = 99999;
   public int[][] Graph_Matrix;
   // 构造函数
   public Adjacency(int[][] Weight_Path,int number) {
      int i, j;
      int Start_Point, End_Point;
      Graph_Matrix = new int[number][number];
      for ( i = 1; i < number; i++ )
         for ( j = 1; j < number; j++ )
            if ( i != j )
               Graph_Matrix[i][j]  = INFINITE;
```

```
                else
                    Graph_Matrix[i][j] = 0;
        for ( i = 0; i < Weight_Path.length; i++ ) {
            Start_Point = Weight_Path[i][0];
            End_Point = Weight_Path[i][1];
            Graph_Matrix[Start_Point][End_Point] = Weight_Path[i][2];
        }
    }
    // 显示图的方法
    public void printGraph_Matrix() {
        for ( int i = 1; i < Graph_Matrix.length; i++ ) {
            for ( int j = 1; j < Graph_Matrix[i].length; j++ )
                if ( Graph_Matrix[i][j] == INFINITE )
                    System.out.print(" x ");
                else {
                    if ( Graph_Matrix[i][j] == 0 ) System.out.print(" ");
                    System.out.print(Graph_Matrix[i][j] + " ");
                }
            System.out.println();
        }
    }
}

// Floyd算法类
class Floyd extends Adjacency {
    private int[][] cost;
    private int capacity;
    // 构造函数
    public Floyd(int[][] Weight_Path,int number) {
        super(Weight_Path,number);
        cost = new int[number][];
        capacity=Graph_Matrix.length;
        for ( int i = 0; i < capacity; i++ )
            cost[i] = new int[number];
    }
    // 所有顶点两两之间的最短距离
    public void shortestPath() {
        for ( int i = 1; i < Graph_Matrix.length; i++ )
            for ( int j = i; j < Graph_Matrix.length; j++ )
                cost[i][j] = cost[j][i] = Graph_Matrix[i][j];
        for ( int k = 1; k < Graph_Matrix.length; k++ )
            for ( int i = 1; i < Graph_Matrix.length; i++ )
                for ( int j = 1; j < Graph_Matrix.length; j++ )
                    if ( cost[i][k]+cost[k][j] < cost[i][j] )
                        cost[i][j] = cost[i][k] + cost[k][j];
        System.out.print("顶点 vex1 vex2 vex3 vex4 vex5 vex6\n");
        for ( int i = 1; i < Graph_Matrix.length; i++ ) {
            System.out.print("vex"+i + " ");
            for ( int j = 1; j < Graph_Matrix.length; j++ ) {
                // 调整显示的位置，显示距离数组
                if ( cost[i][j] < 10 ) System.out.print(" ");
                if ( cost[i][j] < 100 )System.out.print(" ");
                System.out.print(" " + cost[i][j] + " ");
            }
            System.out.println();
        }
    }
}
```

```
74      // 主类
75      public class Distance {
76          // 主程序
77          public static void main(String[] args) {
78              int Weight_Path[][] = { {1, 2, 10},{2, 3, 20},
79                                      {2, 4, 25},{3, 5, 18},
80                                      {4, 5, 22},{4, 6, 95},{5, 6, 77} };
81              Floyd object = new Floyd(Weight_Path,7);
82              System.out.println("==========================");
83              System.out.println("此范例图的邻接矩阵如下：");
84              System.out.println("==========================");
85              object.printGraph_Matrix();
86              System.out.println("================================");
87              System.out.println("所有顶点两两之间的最短距离：");
88              System.out.println("================================");
89              object.shortestPath();
90          }
91      }
```

【执行结果】参考图 10-55。

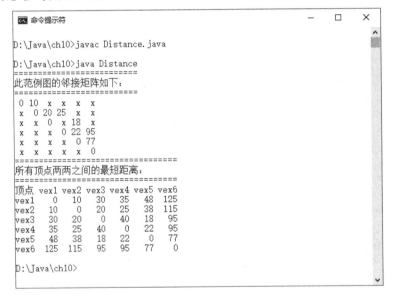

图 10-55

课后习题

1. 求出图中的 DFS 与 BFS 结果。

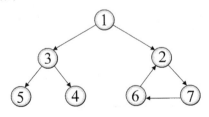

2. 以 K 氏法求取图中的最小成本生成树。

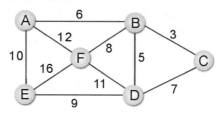

3. 使用下面的遍历法求出生成树：
① 深度优先；
② 广度优先。

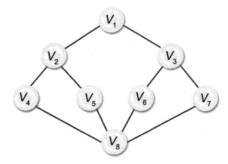

4. 以下所列的各个树都是关于图 G 的查找树。假设所有的查找都始于节点 1，试判定每棵树是深度优先查找树还是广度优先查找树，或者二者都不是。

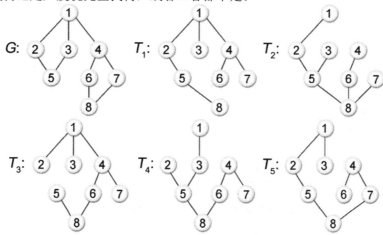

5. 求 V_1、V_2、V_3 任意两个顶点的最短距离，并描述其过程。

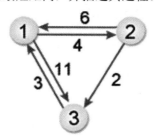

6. 有一个注有各地距离的图（单行道），求各地之间的最短距离。
（1）使用矩阵，将下面的数据存储起来并写出结果。
（2）写出求各地之间最短距离的算法。
（3）写出最后所得的矩阵，并说明其可表示各地之间的最短距离。

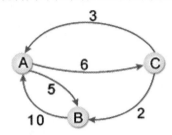

7. 什么是生成树？生成树包含哪些特点？
8. 在求解一个无向连通图的最小生成树时，Prim 算法的主要方法是什么？试简述之。
9. 在求解一个无向连通图的最小生成树时，Kruskal 算法的主要方法是什么？试简述之。

附录

课后习题与解答

第1章课后习题参考答案

1. 在下列程序的循环部分中,实际执行的次数与时间复杂度是什么?

```
for i=1 to n
    for j=i to n
        for k =j to n
            { end of k Loop }
    { end of j Loop }
{ end of i Loop }
```

解答▶

我们可使用数学算式来计算,公式如下:

$$\sum_{i=1}^{n}\sum_{j=1}^{n}\sum_{k=1}^{n}1 = \sum_{i=1}^{n}\sum_{j=1}^{n}(n-j+1)$$

$$= \sum_{i=1}^{n}(\sum_{j=1}^{n}n - \sum_{j=1}^{n}j + \sum_{j=1}^{n}1)$$

$$= \sum_{i=1}^{n}(\frac{2n(n-i+1)}{2} - \frac{(n+i)(n-i+1)}{2}) + (n-i+1)$$

$$= \sum_{i=1}^{n}(\frac{(n-i+1)}{2})(n-i+2)$$

$$= \frac{1}{2}\sum_{i=1}^{n}(n^2 + 3n + 2 + i^2 - 2ni - 3i)$$

$$= \frac{1}{2}(n^3 + 3n^2 + 2n + \frac{n(n+1)(2n+1)}{6} - n^3 - n^2 - \frac{3n^2 + 3n}{2})$$

$$= \frac{1}{2}(\frac{n(n+1)(2n+1)}{6} + \frac{n(n+1)}{2})$$

$$= \frac{n(n+1)(n+2)}{6}$$

$\frac{n(n+1)(n+2)}{6}$ 就是实际循环执行的次数，且必定存在 c，使得 $\frac{n(n+1)(n+2)}{6} n_0 \leqslant cn^3$，因此当 $n \geqslant n_0$ 时，时间复杂度为 $O(n^3)$。

2. 试证明 $f(n) = a_m n^m + \cdots + a_1 n + a_0$，则 $f(n) = O(n^m)$。

解答▶

$$f(n) \leqslant \sum_{i=1}^{n} |a_i| n^i$$

$$\leqslant n^m \sum_{0}^{m} |a_i| n^{i-m}$$

$$\leqslant n^m \sum_{0}^{m} |a_i|$$

另外，我们如果把 $\sum_{0}^{m} |a_i|$ 视为常数 C，则有 $C \Rightarrow f(n) = O(n^m)$。

3. 以下程序的 Big-Oh 是什么？

```
total=0;
for(i=1; i<=n ; i++)
    total=total+i*i;
```

解答▶ 因为循环执行 n 次，所以是 $O(n)$。

4. 算法必须符合哪 5 个条件？

解答▶

算法的特性	内容与说明
输入（Input）	0 或多个输入数据，这些输入必须有清楚的描述或定义
输出（Output）	至少会有一个输出结果，不能没有输出结果
明确性（Definiteness）	每一个指令或步骤必须是简洁明确的
有限性（Finiteness）	在有限步骤后一定会结束，不会产生无限循环
有效性（Effectiveness）	步骤清晰明了且可行，能让用户用纸笔计算而求出答案

5. 下面的程序片段执行后，其中程序语句 sum=sum+1 被执行的次数是多少？

```
sum=0
for(i=-5;i<=100;i=i+7)
    sum=sum+1;
```

解答▶ 16 次。

6. 试简述"面向对象程序设计"的内容。

解答▶ "面向对象程序设计"以一种更生活化、可读性更高的设计概念来进行程序设计，所开发出来的程序易于扩充、修改及维护。另外，面向对象程序设计还具备封装性、继承性与多态性 3 种特性。

第 2 章课后习题参考答案

1. 试简述分治法的核心思想。

解答▶ 分治法的核心思想在于将一个难以直接解决的大问题按照不同的分类分割成两个或更

多个子问题，以便各个击破，分而治之。

2. 递归至少要定义哪两个条件？

解答 ▶ 递归至少要定义两个条件：①可以反复执行的递归过程；②跳出递归执行过程的出口。

3. 试简述贪心法的主要核心概念。

解答 ▶ 贪心法又称为贪婪算法，从某一起点开始，在每一个解决问题步骤中使用贪心原则，即采取在当前状态下最有利或最优化的选择，不断地改进该解答，持续在每一步骤中选择最佳的方法，并且逐步逼近给定的目标，当达到某一步骤不能再继续前进时算法停止，以尽可能快地求得更好的解。

4. 简述动态规划法与分治法的差异。

解答 ▶ 动态规划法主要的做法是：如果一个问题答案与子问题相关，就将大问题拆解成各个小问题。其中与分治法最大的不同是可以让每一个子问题的答案被存储起来，以供下次求解时直接取用。这样的做法不但能减少再次计算的时间，还可将这些解组合成大问题的解答，故而使用动态规划可以解决重复计算的问题。

5. 什么是迭代法？试简述之。

解答 ▶ 迭代法无法使用公式一次求解，而需要使用迭代，例如用循环去重复执行程序代码的某些部分来得到答案。

6. 枚举法的核心概念是什么？试简述之。

解答 ▶ 枚举法的核心思想是列举所有的可能，根据问题要求逐一列举问题的解答。

7. 回溯法的核心概念是什么？试简述之。

解答 ▶ 回溯法也是枚举法中的一种。对于某些问题而言，回溯法是一种可以找出所有（或一部分）解的一般性算法，同时避免枚举不正确的数值。一旦发现不正确的数值，就不再递归到下一层，而是回溯到上一层，以节省时间，是一种走不通就退回再走的方式。

第 3 章课后习题参考答案

1. 解释抽象数据类型。

解答 ▶ 抽象数据类型是一种自定义数据类型，可简化一个数据类型的呈现方式及操作运算，并提供给用户以预定的方式来使用这个数据类型。也就是说，用户无须考虑到 ADT 的制作细节，只要知道如何使用即可，例如堆栈或队列就是很典型的抽象数据类型。

2. 简述数据与信息的差异。

解答 ▶ 数据指的就是一种未经处理的原始文字、数字、符号或图形等。信息是利用大量的数据，经过系统地整理、分析、筛选处理而提炼出来的，且具有参考价格及提供决策依据的文字、数字、符号或图表。

3. 数据结构主要是表示数据在计算机内存中所存储的位置和模式，通常可以分为哪 3 种类型？

解答 ▶ 基本数据类型、结构数据类型和抽象数据类型。

4. 试简述一个单向链表节点字段的组成。

解答 ▶ 一个单向链表节点由数据字段和指针两个字段组成，指针将会指向下一个链表元素所存放的内存位置。

5. 简要说明堆栈与队列的主要特性。

解答▶ 堆栈是一组相同数据类型的组合，具有"后进先出"的特性，所有的操作均在堆栈结构的顶端进行。队列和堆栈都是一种有序线性表，也属于抽象型数据类型，是一种"先进先出"的数据结构，所有的加入操作都发生在队列的末尾，而所有的删除操作都发生在队列的前端。

6. 什么是欧拉链理论？试绘图说明。

解答▶ 如果"欧拉七桥问题"的条件改成从某顶点出发，经过每边一次，不一定要回到起点，即只允许其中两个顶点的度数是奇数，其余必须为偶数，那么符合这种结果的就被称为欧拉链。

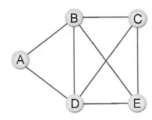

7. 解释下列哈希函数的相关名词。

（1）Bucket（桶）

（2）同义词

（3）完美哈希

（4）碰撞

解答▶

（1）Bucket（桶）：哈希表中存储数据的位置，每一个位置对应唯一的一个地址（Bucket Address）。桶就好比一个记录。

（2）同义词：两个标识符 I_1 和 I_2 经哈希函数运算后所得的数值相同，即 $f(I_1) = f(I_2)$，就称 I_1 与 I_2 对于 f 这个哈希函数是同义词。

（3）完美哈希：既没有碰撞又没有溢出的哈希函数。

（4）碰撞：两项不同的数据经过哈希函数运算后对应到相同的地址。

8. 一般树结构在计算机内存中的存储方式是以链表为主的，对于 n 叉树来说，我们必须取 n 为链接个数的最大固定长度，试说明为了改进存储空间浪费的缺点为何经常使用二叉树结构来取代树结构。

解答▶ 假设此 n 叉树有 m 个节点，那么此树共用了 $n×m$ 个链接字段。因为除了树根外，每一个非空链接都指向一个节点，所以空链接个数为 $n×m - (m-1) = m×(n-1) + 1$，而 n 叉树的链接浪费率为 $\frac{m×(n-1)+1}{m×n}$。因此我们可以得到以下结论：

$n=2$ 时，二叉树的链接浪费率约为 1/2；

$n=3$ 时，三叉树的链接浪费率约为 2/3；

$n=4$ 时，四叉树的链接浪费率约为 3/4；

……

故而，当 $n=2$ 时，它的链接浪费率最低。

第 4 章课后习题参考答案

1. 排序的数据是以数组数据结构来存储的。在下列排序法中，哪一个的数据搬移量最大？
   （A）冒泡排序法　　　　（B）选择排序法　　　　（C）插入排序法

   解答 （C）

2. 举例说明合并排序法是否为稳定排序。

   解答 合并排序法是一种稳定排序，例如 11、8、14、7、6、8+、23、4 经过合并排序法的结果为 4、6、7、8、8+、11、14、23，这种排序不会更改键值相同数据的原有顺序（8+在 8 的右侧，经排序后 8+仍在 8 的右侧）。

3. 待排序的键值为 26、5、37、1、61，试使用选择排序法列出每个回合排序的结果。

   解答

   ```
           26    5    37    1    61
       →  (1)   5    37   26    61
       →  (1)  (5)   37   26    61
       →  (1)  (5)  (26)  37    61
       →  (1)  (5)  (26) (37)   61
   ```

4. 在排序过程中，数据移动可分为哪两种方式？试说明两者之间的优劣。

   解答 在排序过程中，数据的移动方式可分为"直接移动"和"逻辑移动"。"直接移动"是直接交换存储数据的位置；而"逻辑移动"并不会移动数据存储的位置，仅改变指向这些数据的辅助指针的值。两者之间的优劣在于直接移动会浪费许多时间，而逻辑移动只要改变辅助指针指向的位置就能轻易达到排序的目的。

5. 简述基数排序法的主要特点。

   解答 基数排序法并不需要进行元素之间的直接比较操作，属于一种分配模式排序方式。基数排序法按比较的方向可分为最高位优先和最低位优先两种。最高位优先法从最左边的位数开始比较，最低位优先法从最右边的位数开始比较。

6. 下列叙述正确与否？试说明原因。
   （1）无论输入数据为何，插入排序的元素比较总次数都会比冒泡排序的元素比较总次数少。
   （2）若输入数据已排序完成，在利用堆积树排序时，则只需 $O(n)$ 时间即可完成排序。其中，n 为元素个数。

   解答
   （1）错。提示：对于 n 个已排好序的输入数据，两种方法的比较次数是相同的。
   （2）错。在输入数据已排好序的情况下需要 $O(n\log_2 n)$。

7. 排序按照执行时所使用的内存可分为哪两种方式？

   解答
   排序可以按照执行时所使用的内存分为以下两种方式：
   （1）内部排序：排序的数据量小，可以完全在内存内进行排序。
   （2）外部排序：排序的数据量大，无法一次性地全部在内存内进行排序，必须使用到辅助存储器（如硬盘）。

8. 什么是稳定排序？试着举出 3 种稳定排序。

解答▶ 稳定排序是指数据经过排序后两个相同键值的记录仍然保持原来的顺序。冒泡排序法、插入排序法、基数排序法都属于稳定排序。

第 5 章课后习题参考答案

1. 若有 n 项数据已排序完成，则用二分查找法查找其中某一项数据的查找时间约为多少？
（A）$O(\log_2 n)$　　　（B）$O(n)$　　　（C）$O(n^2)$　　　（D）$O(\log_2 n)$

解答▶（D）

2. 使用二分查找法的前提条件是什么？

解答▶ 必须存放在可以直接存取且已排好序的文件中。

3. 有关二分查找法，下列哪一个叙述是正确的？
（A）文件必须事先排序
（B）当排序数据非常小时，其时间会比顺序查找法慢
（C）排序的复杂度比顺序查找法要高
（D）以上都正确

解答▶（D）

4. 在查找的过程中，斐波那契查找法的算术运算比二分查找法简单，这种说法是否正确？

解答▶ 正确。因为它只会用到加减运算，而不像二分法那样有除法运算。

5. 假设 $A[i]=2i$，$1 \leq i \leq n$，欲查找键值为 $2k-1$，试以插值查找法进行查找，需要比较几次才能确定此为一次失败的查找？

解答▶ 2 次。

6. 试写出在数据(1, 2, 3, 6, 9, 11, 17, 28, 29, 30, 41, 47, 53, 55, 67, 78)中以插值查找法找到 9 的过程。

解答▶
（1）先找到 $m=2$，键值为 2；
（2）再找到 $m=4$，键值为 6；
（3）最后找到 $m=5$，键值为 9。

第 6 章课后习题参考答案

1. 什么是转置矩阵？试简单举例说明。

解答▶ "转置矩阵"（A^t）就是把原矩阵的行坐标元素与列坐标元素相互调换。假设 A^t 为 A 的转置矩阵，则有 $A^t[j, i]=A[i, j]$。例如：

$$A = \begin{bmatrix} 1 & 2 & 3 \\ 4 & 5 & 6 \\ 7 & 8 & 9 \end{bmatrix}_{3\times 3} \qquad A^t = \begin{bmatrix} 1 & 4 & 7 \\ 2 & 5 & 8 \\ 3 & 6 & 9 \end{bmatrix}_{3\times 3}$$

2. 在单向链表类型的数据结构中，根据所删除节点的位置会有哪 3 种不同的情形？

解答 ▶ 根据所删除节点的位置会有以下 3 种不同的情形。

① 删除链表的第一个节点：只要把链表指针头部指向第二个节点即可。

② 删除链表的最后一个节点：只要将指向最后一个节点 ptr 的指针直接指向 NULL 即可。

③ 删除链表内的中间节点：只要将要删除节点的前一个节点的指针指向要删除节点的下一个节点即可。

第 7 章课后习题参考答案

1. 信息安全必须具备哪 4 种特性，试简要说明。

解答 ▶

- 保密性：表示交易相关信息或数据必须保密，当信息或数据传输时，除了被授权的人外，要确保信息或数据在网络上不会遭到拦截、偷窥而泄露信息或数据的内容，损害其保密性。
- 完整性：表示当信息或数据送达时，必须保证该信息或数据没有被篡改，如果遭篡改，那么这条信息或数据就会无效。
- 认证性：表示当传送方送出信息或数据时，支付系统必须能确认传送者的身份是否为冒名。
- 不可否认性：表示保证用户无法否认他所实施过的信息或数据传送行为的一种机制，必须不易被复制及修改，即无法否认其传送或接收信息或数据的行为。

2. 简述"加密"与"解密"。

解答 ▶ "加密"就是将数据通过特殊算法，把源文件中的内容转换为无法读取的密文（看上去像乱码）。当加密后的数据传送到目的地后，将密文还原成明文的过程就称为"解密"。

3. 说明"对称密钥加密"与"非对称密钥加密"二者的差异。

解答 ▶ "对称密钥加密"的工作方式是：发送端与接收端用于加密和解密的密钥是同一把。"非对称密钥加密"的工作方式是：使用两把不同的密钥（一把"公钥"和一把"私钥"）进行加密和解密。

4. 简要介绍 RSA 算法。

解答 ▶ RSA 算法是一种非对称加密算法。在 RSA 算法之前，加密算法基本都是对称的。非对称加密算法使用两把不同的密钥，一把叫公钥，另一把叫私钥。它是在 1977 年由罗纳德·李维斯特（Ron Rivest）、阿迪·萨莫尔（Adi Shamir）和伦纳德·阿德曼（Leonard Adleman）一起提出的，RSA 就是由他们三人姓氏开头字母所组成的。RSA 加解密速度比"对称密钥加解密"速度要慢，方法是随机选出两个超大的质数 p 和 q，使用这两个质数作为加密与解密的一对密钥，密钥的长度一般为 40 比特到 1024 比特之间。当然，为了提高加密的强度，现在有的系统使用的 RSA 密钥的长度高达 4096 比特，甚至更高。在这对密钥中，公钥用来加密，私钥用来解密，而且只有私钥可以用来解密。要破解以 RSA 加密的数据，在一定时间内几乎是不可能的，因此这是一种十分安全的加解密算法，特别是在电子商务交易市场被广泛使用。

5. 简要说明数字签名。

解答▶ "数字签名"的工作方式是以公钥和哈希函数互相搭配使用的，用户 A 先将明文的 M 以哈希函数计算出哈希值 H，再用自己的私钥对哈希值 H 加密，加密后的内容即为"数字签名"。

6. 用哈希法将 101、186、16、315、202、572、463 存放在 0, 1, ⋯, 6 的 7 个位置。若要存入 1000 开始的 11 个位置，应该如何存放？

解答▶

$f(X) = X \bmod 7$

$f(101) = 3$

$f(186) = 4$

$f(16) = 2$

$f(315) = 0$

$f(202) = 6$

$f(572) = 5$

$f(463) = 1$

位置	0	1	2	3	4	5	6
数字	315	463	16	101	186	572	202

同理取：

$f(X) = (X \bmod 11) + 1000$

$f(101) = 1002$

$f(186) = 1010$

$f(16) = 1005$

$f(315) = 1007$

$f(202) = 1004$

$f(572) = 1000$

$f(463) = 1001$

位置	1000	1001	1002	1003	1004	1005	1006	1007	1008	1009	1010
数字	572	463	101		202	16		315			186

7. 什么是哈希函数？试以除留余数法和折叠法并以 7 位电话号码作为数据进行说明。

解答▶

以下列 6 组电话号码为例：

（1）9847585

（2）9315776

（3）3635251

（4）2860322

（5）2621780

（6）8921644

- 除留余数法

利用 $f_D(X) = X \bmod M$,假设 $M = 10$。

$f_D(9847585) = 9847585 \bmod 10 = 5$

$f_D(9315776) = 9315776 \bmod 10 = 6$

$f_D(3635251) = 3635251 \bmod 10 = 1$

$f_D(2860322) = 2830322 \bmod 10 = 2$

$f_D(2621780) = 2621780 \bmod 10 = 0$

$f_D(8921644) = 8921644 \bmod 10 = 4$

- 折叠法

将数据分成几段,除最后一段外,每段长度都相同,再把每段值相加。

$f(9847585) = 984+758+5 = 1747$

$f(9315776) = 931+577+6 = 1514$

$f(3635251) = 363+525+1 = 889$

$f(2860322) = 286+032+2 = 320$

$f(2621780) = 262+178+0 = 440$

$f(8921644) = 892+164+4 = 1060$

8. 试简述哈希查找与一般查找技巧有什么不同。

解答 一般而言,一个查找法的好坏主要由其比较次数和查找时间来决定。一般查找技巧主要是通过各种不同的比较方式来查找所需要的数据项;哈希则是直接通过数学函数来取得对应的地址,因此可以快速找到所要的数据。也就是说,在没有发生任何碰撞的情况下,其比较时间只需 $O(1)$ 的时间复杂度。除此之外,它不仅可以用来进行查找的工作,还可以很方便地使用哈希函数进行创建、插入、删除与更新等操作。重要的是,通过哈希函数进行查找的文件事先不需要排序,这也是它和一般的查找差异比较大的地方。

9. 什么是完美哈希?在哪种情况下可以使用?

解答 所谓完美哈希,是指该哈希函数在存入与读取的过程中不会发生碰撞或溢出。一般而言,只有在静态表中才可以使用完美哈希。

10. 采用哪一种哈希函数可以把整数集合 {74, 53, 66, 12, 90, 31, 18, 77, 85, 29} 存入数组空间为 10 的哈希表不会发生碰撞?

解答 采用数字分析法,并取出键值的个位数作为其存放的地址。

第 8 章课后习题参考答案

1. 至少列举 3 种常见的堆栈应用。

解答
① 二叉树及森林的遍历运算,如中序遍历、前序遍历等。
② 计算机中央处理单元的中断处理。

③ 图的深度优先遍历法。

2. 回答下列问题：
（1）解释堆栈的含义。
（2）TOP(PUSH(i,s))的结果是什么？
（3）POP(PUSH(i,s))的结果是什么？

解答
（1）堆栈是一组相同数据类型的组合，所有的动作均在堆栈顶端进行，具有"后进先出"的特性。堆栈的应用在日常生活中随处可见，如大楼电梯、货架的货品等都是类似堆栈的数据结构原理。

（2）结果是堆栈内增加一个元素，因为该操作是将元素 i 加入堆栈 s 中，所以返回堆栈顶端的元素。

（3）堆栈内的元素保持不变，因为该操作是将元素 i 加入堆栈 s 中，再将堆栈 s 中顶端的 i 元素删除。

3. 在汉诺塔问题中，移动 n 个圆盘所需的最小移动次数是多少？试说明之。

解答 当有 n 个圆盘时，可将汉诺塔问题归纳成 3 个步骤，其中 a_n 为移动 n 个圆盘所需的最少移动次数，a_{n-1} 为移动 n−1 个圆盘所需的最少移动次数，$a_1 = 1$ 为只剩一个圆盘时的移动次数，因此可得如下式子：

$$\begin{aligned} a_n &= a_{n-1} + 1 + a_{n-1} \\ &= 2a_{n-1} + 1 \\ &= 2(2a_{n-2} + 1) \\ &= 4a_{n-2} + 2 + 1 \\ &= 4(2a_{n-3} + 1) + 2 + 1 \\ &= 8a_{n-3} + 4 + 2 + 1 \\ &= 8(2a_{n-4} + 1) + 4 + 2 + 1 \\ &= 16a_{n-4} + 8 + 4 + 2 + 1 \\ &\cdots \\ &= 2^{n-1}a_1 + \sum_{k=0}^{n-2} 2^k \end{aligned}$$

即：

$$\begin{aligned} a_n &= 2^{n-1} \times 1 + \sum_{k=0}^{n-2} 2^k \\ &= 2^{n-1} + 2^{n-1} - 1 \\ &= 2^n - 1 \end{aligned}$$

所以，要移动 n 个圆盘所需的最小移动次数为 2^n-1 次。

4. 什么是优先队列？试说明之。

解答 优先队列为一种不必遵守队列特性——FIFO（先进先出）的有序表，其中每一个元素都赋予一个优先权，加入元素时可任意，但有最高优先权者将最先输出。例如，在计算机 CPU 的工作调度中，优先权调度就是一种挑选任务的"调度算法"，也会使用到优先队列。

5. 回答以下问题：

（1）下列哪一个不是队列的应用？

（A）操作系统的作业调度　　　　（B）输入/输出的工作缓冲

（C）汉诺塔的解决方法　　　　　（D）高速公路的收费站收费

（2）下列哪些数据结构是线性表？

（A）堆栈　（B）队列　（C）双向队列　（D）数组　（E）树

解答▶（1）C

（2）A、B、C、D

6. 假设我们利用双向队列按序输入 1、2、3、4、5、6、7，是否能够得到 5174236 的输出序列？

解答▶ 从输出序列和输入序列求得 7 个数字 1、2、3、4、5、6、7 存在队列内合理排列的情况，因为按序输入 1、2、3、4、5、6、7 且得到 5174236，所以 5 为第一个输出，则此刻序列应是：

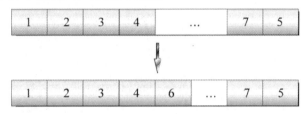

先输出 5，再输出 1，又输出 7，序列又变成：

若下一项要输出 4 则不可能，只可能输出 2，所以本题答案是不可能。

7. 试说明队列应具备的基本特性。

解答▶ 队列是一种抽象数据类型，具有下列特性：

① 先进先出。

② 拥有两种基本操作，即加入与删除，而且使用 front 与 rear 两个指针来分别指向队列的前端与末尾。

8. 至少列举 3 种常见的队列应用。

解答▶ 图遍历的广度优先搜索法、计算机的模拟、CPU 的工作调度、外围设备联机并发处理系统等。

第 9 章课后习题参考答案

1. 一般树结构在计算机内存中的存储方式是以链表为主的，对于 n 叉树来说，我们必须取 n 为链接个数的最大固定长度。试说明为了改进存储空间浪费的缺点我们经常使用二叉树结构来取代树结构。

解答▶ 假设此 n 叉树有 m 个节点，那么此树共用了 $n \times m$ 个链接字段。另外，除了树根外，每一个非空链接都指向一个节点，所以空链接个数为 $n \times m - (m-1) = m \times (n-1) + 1$，而 n 叉树的链接浪费率为 $\dfrac{m \times (n-1) + 1}{m \times n}$。因此，我们可以得到以下结论：

$n=2$ 时，二叉树的链接浪费率约为 1/2；

$n=3$ 时，三叉树的链接浪费率约为 2/3；

$n=4$ 时，四叉树的链接浪费率约为 3/4；

……

当 $n=2$ 时，它的链接浪费率最低，所以为了改进存储空间浪费的特点可使用二叉树结构来取代树结构。

2. 下列哪一种不是树？

（A）一个节点

（B）环形链表

（C）一个没有回路的连通图

（D）一个边数比点数少 1 的连通图

解答▶ （B）因为环形链表会造成回路现象，所以不符合树的定义。

3. 以下二叉树的中序、后序及前序表达式分别是什么？

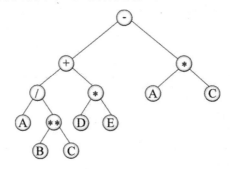

解答▶

中序：A/B**C+D*E–A*C

后序：ABC**/DE*+AC*–

前序：–+/A**BC*DE*AC

4. 以下二叉树的中序、前序以及后序表达式分别是什么？

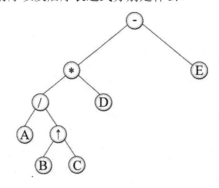

解答▶

中序：A/B↑C*D–E

前序：–*/A↑BCDE

后序：ABC↑/D*E–

5. 试以链表来描述以下树结构的数据结构。

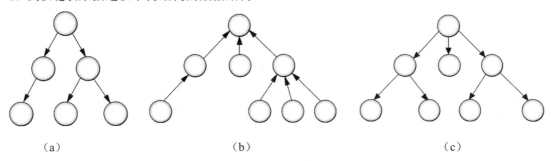

（a）　　　　　　　　　（b）　　　　　　　　　（c）

解答▶

（a）每个节点的数据结构如下：

| Llink | Data | Rlink |

（b）因为子节点都指向父节点，所以结构可以设计如下：

| Data | Link |

（c）每个节点的数据结构如下：

| Data | | |
| Link1 | Link2 | Link3 |

6. 假如有一棵非空树，其度数为 5，已知度数为 i 的节点数有 i 个，其中 $1 \leqslant i \leqslant 5$，试问终端节点的总数是多少？

解答▶ 41 个。

7. 以下二叉树的中序、前序以及后序遍历结果分别是什么？

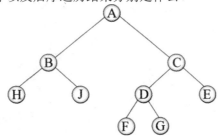

解答▶

中序：HBJAFDGCE
前序：ABHJCDFGE
后序：HJBFGDECA

第 10 章课后习题参考答案

1. 求出图中的 DFS 与 BFS 结果。

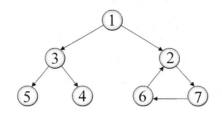

解答▶

DFS：1-2-7-6-3-4-5

BFS：1-2-3-7-4-5-6

2. 以 K 氏法求取图中的最小成本生成树。

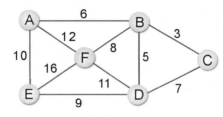

解答▶

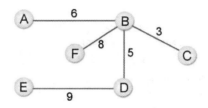

3. 使用下面的遍历法求出生成树：

① 深度优先；

② 广度优先。

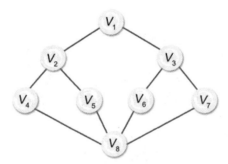

解答▶

① 深度优先：

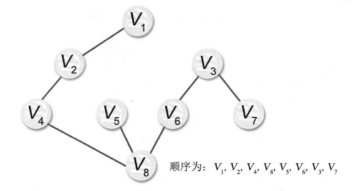

顺序为：$V_1, V_2, V_4, V_8, V_5, V_6, V_3, V_7$

② 广度优先：

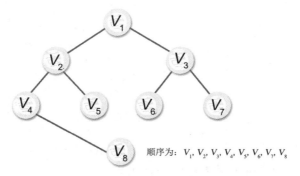

顺序为：$V_1, V_2, V_3, V_4, V_5, V_6, V_7, V_8$

4. 以下所列的各个树都是关于图 G 的查找树。假设所有的查找都始于节点 1，试判定每棵树是深度优先查找树还是广度优先查找树，或者二者都不是。

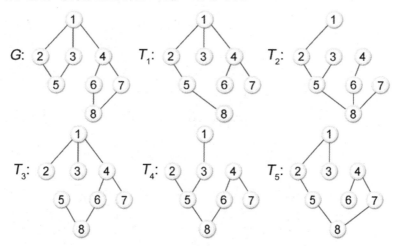

解答

（1）T_1 为广度优先查找树　　　　（2）T_2 二者都不是
（3）T_3 二者都不是　　　　　　　（4）T_4 为深度优先查找树
（5）T_5 二者都不是

5. 求 V_1、V_2、V_3 任意两个顶点的最短距离，并描述其过程。

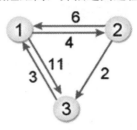

解答▶

$$A^0 = \begin{bmatrix} 0 & 4 & 11 \\ 6 & 0 & 2 \\ 3 & \infty & 0 \end{bmatrix} \quad A^1 = \begin{bmatrix} 0 & 4 & 11 \\ 6 & 0 & 2 \\ 3 & 7 & 0 \end{bmatrix}$$

$$A^2 = \begin{bmatrix} 0 & 4 & 6 \\ 6 & 0 & 2 \\ 3 & 7 & 0 \end{bmatrix} \quad A^3 = \begin{matrix} & V_1 & V_2 & V_3 \\ V_1 \\ V_2 \\ V_3 \end{matrix} \begin{bmatrix} 0 & 4 & 6 \\ 6 & 0 & 2 \\ 3 & 7 & 0 \end{bmatrix}$$

6. 有一个注有各地距离的图（单行道），求各地之间的最短距离。
（1）使用矩阵，将下面的数据存储起来并写出结果。
（2）写出求各地之间最短距离的算法。
（3）写出最后所得的矩阵，并说明其可表示各地之间的最短距离。

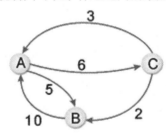

解答▶

①

$$\begin{matrix} & A & B & C \\ A \\ B \\ C \end{matrix} \begin{bmatrix} 0 & 5 & 6 \\ 10 & 0 & \infty \\ 3 & 2 & 0 \end{bmatrix}$$

② Java 语言描述的算法为：

```
void shortestPath(int vertex_total)
{
    int i,j,k;
    //图的路径长度数组的初始化
    for (i=1;i<=vertex_total;i++ )
        for (j=i;j<=vertex_total;j++ )
```

```
            {
                distance[i][j]=Graph_Matrix[i][j];
                distance[j][i]=Graph_Matrix[i][j];
            }
//利用 Floyd 算法找出所有顶点两两之间的最短距离
    for (k=1;k<=vertex_total;k++ )
        for (i=1;i<=vertex_total;i++ )
            for (j=1;j<=vertex_total;j++ )
                if (distance[i][k]+distance[k][j]<distance[i][j])
                    distance[i][j] = distance[i][k] + distance[k][j];
}
```

③

$$\begin{array}{c} & \begin{array}{ccc} A & B & C \end{array} \\ \begin{array}{c} A \\ B \\ C \end{array} & \left[\begin{array}{ccc} 0 & 5 & 6 \\ 10 & 0 & 16 \\ 3 & 2 & 0 \end{array} \right] \end{array}$$

7. 什么是生成树？生成树包含哪些特点？

解答▶ 一个图的生成树是以最少的边来连接图中所有的顶点，且不造成回路的树结构。由于生成树是由所有顶点和访问过程经过的边所组成的，因此令 $S = (V, T)$ 为图 G 中的生成树。该生成树具有下面几个特点：

① $E = T + B$。

② 将集合 B 中的任意一边加入集合 T 中，就会造成回路。

③ V 中任意两个顶点 V_i 和 V_j，在生成树 S 中存在唯一的一条简单路径。

8. 在求解一个无向连通图的最小生成树时，Prim 算法的主要方法是什么？试简述之。

解答▶ Prim 算法又称 P 氏法，对一个加权图 $G = (V, E)$，设 $V=\{1, 2, \cdots, n\}$、$U=\{1\}$，也就是说 U 和 V 是两个顶点的集合，再从 $V-U$ 差集所产生的集合中找出一个顶点 x，该顶点 x 能与 U 集合中的某个顶点形成最小成本的边，且不会造成回路，然后将顶点 x 加入 U 集合中，反复执行同样的步骤，一直到 U 集合等于 V 集合（$U=V$）为止。

9. 在求解一个无向连通图的最小生成树时，Kruskal 算法的主要方法是什么？试简述之。

解答▶ Kruskal 算法是将各边按权值大小从小到大排列，接着从权值最低的边开始建立最小成本生成树。若加入的边会造成回路，则舍弃不用，直到加入 $n-1$ 条边为止。